Cuno Hoffmeister

Analyse der Lichtkurven von vier RW Aurigae-Sternen

Bearbeitung von 22 südlichen Veränderlichen Sternen

Veröffentlichungen der Sternwarte in Sonneberg · Band 6 · Heft 3

DEUTSCHE AKADEMIE DER WISSENSCHAFTEN ZU BERLIN

Veröffentlichungen der Sternwarte in Sonneberg

Band 6 · Heft 3

CUNO HOFFMEISTER

Analyse der Lichtkurven von vier RW Aurigae-Sternen

Bearbeitung von 22 südlichen Veränderlichen Sternen

Akademie-Verlag · Berlin 1965

Erschienen im Akademie-Verlag GmbH, 108 Berlin, Leipziger Straße 3–4

Lizenznummer: 202 · 100/482/65
Gesamtherstellung: VEB Druckerei „Thomas Müntzer" 582 Bad Langensalza
Bestell-Nr.: 2006/VI/3 · ES 18 D 4 · Preis: MDN 11,90

Summary

Continuous light-curves of the RW Aur type variables T Cha, RU Lup, RY Lup, and AK Sco are presented, using the Author's visual and some photographic observations, obtained at Boyden Observatory near Bloemfontein in 1959, and visual observations by members of the Variable Star Section of R. A. S. of New Zealand. The changes of the attitude of the 4 stars, when compared with equal observations from 1952—53 and photographic observations from 1937—38, are thoroughly discussed. Only changes of minor importance, but nevertheless significant, were found. So, as an example, T Cha changed from a predominance of distinct maxima to the development of sometimes rather narrow minima, and AK Sco returned to the Algol-similar subtype it had shown in 1937, but not in 1952—53. Much attention was paid to the quasi-periodic elements in the light-curves. In 2 cases, T Cha and RY Lup, periods were derived which were also active in 1952—53; and the suggestion that each star has its characteristic period was supported by the findings with RU Lup and AK Sco, too. The hypothesis is proposed and shortly discussed that the periodic changes are caused by rotation in connection with non-uniform and variable distribution of light over the surface of the star. The maximal life-time of a sequence of maxima and minima observed so far is 200 days, mostly the life-times are much shorter, down to a month. Deviations from the formula might be caused by temporary shifts of the light-distribution, changes of the instantaneous period by a dependency of the period of rotation upon astrographic latitude. Superimposed are practically always the strong physical variations.

Einleitung

Die physikalischen Verhältnisse der Veränderlichen Sterne geringer Leuchtkraft sind noch immer in vieler Hinsicht rätselhaft. Die genaue Kenntnis des Verhaltens dieser Objekte, insbesondere der Eigenschaften und der Variationsbreiten ihrer Lichtkurven, ist eine unerläßliche Voraussetzung weiterer Fortschritte. Meinen Aufenthalt in Südwestafrika 1952—53 benutzte ich zu einer umfassenden visuellen Beobachtung einiger geeigneter Sterne, wozu ich auch Beobachter in anderen Erdgegenden gewonnen hatte, derart, daß es möglich wurde, lückenlose Lichtkurven jeweils über eine Folge von Tagen zu erhalten, auch für die Stunden des Tageslichts in Südafrika. Besonders danke ich den Mitgliedern der Royal Astronomical Society of New Zealand, die unter Leitung von F. M. Bateson, damals auf Rarotonga, Cook Islands, entscheidend zum Erfolg der Unternehmung beigetragen haben. Damit wurde erstmalig eine genaue Analyse des Lichtwechsels einiger dieser Sterne möglich (Veröffentl. Stw. Sonneberg 3.339, 1958). Besondere Aufmerksamkeit wurde den quasi-periodischen Schwingungen gewidmet.

Meinen Aufenthalt am Boyden Observatory bei Bloemfontein, April bis Oktober 1959, habe ich erneut zur Beobachtung der 4 Sterne T Cha, RU Lup, RY Lup,

AK Sco ausgenutzt und auch die Beobachter auf Neuseeland um Mitarbeit gebeten. Das Ziel war wieder die Erlangung lückenloser Lichtkurven über jeweils eine Reihe von Tagen um die Neumondszeit, der Zweck die Feststellung, ob der Charakter der Lichtkurven sich nach 6 Jahren in irgendeiner Weise verändert habe. Meine Beobachtungen geschahen an einem azimutal montierten 300-mm-Newton-Spiegel mit Vergrößerungen 78, 122, 196.

Es folgt eine Übersicht der Beobachtungsreihen. Ich danke allen Beobachtern für ihre Beteiligung. Besonderer Dank gebührt Mr. A. F. JONES, F. R. A. S., Timaru, jetzt Tahunanui N. Z., für seinen Beitrag.

A. Visuelle Beobachtungen 243 6720 bis 6850

	T Cha	RU Lup	RY Lup	AK Sco	Summe
C. HOFFMEISTER	651	189	200	207	1247
F. M. BATESON	—	9	16	8	33
A. F. JONES	190	52	91	52	385
G. T. MOUNTER	4	4	4	4	16
D. W. ORCHISTON	—	—	—	1	1
R. T. PRICE	1	—	4	15	20
T. B. TREGASKIS	5	5	7	6	23
D. F. WARD	—	3	15	6	24
Summe	851	262	337	299	1749

B. Photographische Beobachtungen 243 6720—6850
Beob. HOFFMEISTER, Boyden Observatory

Stern	Anzahl	Instrument
T Cha	23	10 inch Metcalf Telescope
	16	8 inch Bache Telescope
	5	3 inch Ross Tessar Camera
RU Lup	13	3 inch Ross Tessar Camera
RY Lup	13	3 inch Ross Tessar Camera
AK Sco	10	3 inch Ross Tessar Camera

T Cha liegt in dem Programmfeld ε Cha; die vor 243 6720 erhaltenen Platten sind nicht berücksichtigt. Die 3 anderen Sterne konnten nur auf nebenbei ausgeführten Weitwinkelaufnahmen beobachtet werden.

Einige Beobachtungsreihen erforderten eine Korrektion der Sterngrößen, um mit den anderen Beobachtungen vergleichbar zu sein. Die visuellen Beobachtungen von Neuseeland überdecken sich am frühen Abend zeitlich mit denjenigen in Südafrika. Aus praktisch gleichzeitigen Beobachtungen konnten die systematischen Unterschiede bestimmt werden.

T Cha. Die Reihe von JONES wird mit der Korrektion $-0^{m}.5$ auf die Reihe des Verfassers reduziert.

RU Lup. Die früher benutzten Vergleichsterngrößen sind zu hell. An alle darauf beruhenden Werte wurde die Korrektion $+0^{m}.5$ angebracht.

RY Lup. Die Größen erfordern keine Reduktion.

AK Sco. Es wurden als Verbesserungen folgende Werte benutzt: Jones $-0^m.2$, Price $+0^m.1$; die Größenangaben anderer Beobachter wurden unverändert übernommen.

Die Vergleichung photographischer mit gleichzeitig beobachteten visuellen Größen ergab bei T Cha, daß erstere systematisch um etwa $0^m.5$ schwächer sind. Dies bestätigt die Erfahrungen von 1952—53, wo folgende Reduktionen angewandt wurden:

Plattensorte:	Astro	Isochrom	Panchromatisch
Größe von T Cha			
10^m-11^m	$-0^m.4$	$-0^m.2$	$0^m.0$
11^m-12^m	-0.5	-0.3	-0.1
[12^m	-0.6	-0.4	-0.2

Die Abhängigkeit von der Emulsion zeigt, daß es sich um einen Farbeffekt handelt. Bei den Beobachtungen von 1959 wurden nur die blauempfindlichen Astro-Platten verwandt.

Bei den Ross-Tessar-Platten wurden folgende Korrektionen angebracht:

RU Lup $+0^m.1$ RY Lup $-0^m.4$ AK Sco $0^m.0$

Die Werte sind unsicher wegen der geringen Anzahl der Beobachtungen.

Wie bei früherer Gelegenheit werden auch diesmal meine visuellen Einzelbeobachtungen der 4 Sterne mitgeteilt, weil über diese Objekte bisher nur sehr wenig Material vorliegt. Die hier benutzten Beobachtungen auf Neuseeland sind bereits veröffentlicht in den Zirkularen der Variable Star Section der R. A. S. of New Zealand, und zwar an folgenden Stellen:

T Cha Variable Star Section Circ. No. 98.10 99.9 100.6
RU Lup Variable Star Section Circ. No. 102
RY Lup Variable Star Section Circ. No. 101
AK Sco Variable Star Section Circ. No. 103.

Zu den Darstellungen der Lichtkurven folgen später einige Erklärungen. Für die Beurteilung der einzelnen Sterne stehen nunmehr die Lichtkurven und die Histogramme der Verteilung der Beobachtungen zur Verfügung. Diese Verteilungen scheinen, wie schon in der früheren Arbeit gezeigt, charakteristisch zu sein und sich von Stern zu Stern zu unterscheiden.

T Chamaeleontis

Die Geschichte dieses bemerkenswerten Veränderlichen beginnt mit der Entdeckung durch Leavitt im Jahre 1916. Die vorläufige Bezeichnung ist 28.1916 = HV 3383 (AN 207.214, 1918). Bei der Bearbeitung einer größeren Anzahl südlicher Veränderlicher auf Grund der in den Jahren 1937—38 auf der astronomischen Station bei Windhoek erlangten Platten erkannte ich im Jahre 1943 den RW Aurigae-Charakter des Sterns (Kleinere Veröffentl. Berlin-Babelsberg 27.24, 1943). Nachdem ich ihn später unter Verwertung von 1822 Beobachtungen bearbeitet hatte, ist dieser typische Vertreter der RW Aurigae-Klasse relativ gut bekannt (Veröffentl. Stw. Sonneberg 3.342). Gemäß diesem Befund, vorwiegend aus den Jahren 1952—53, kann man seine Lichtkurve in 3 Bestandteile auflösen: 1. Stillstände oder Abschnitte sehr geringen Lichtwechsels. — 2. Rasche und völlig regellose Schwankungen kleiner oder großer Amplitude. — 3. Quasi-periodische Wellen, die einige Zeit wirksam bleiben, dann durch Abschnitte der Arten 1 oder 2 oder auch, nach meist kurzer Unterbrechung, durch quasi-periodische Kurvenzüge mit etwas veränderter Periode abgelöst werden. — Jedoch treten die quasi-periodischen Wellen nie in reiner Form auf; vielmehr sind sie stets von unregelmäßigen Änderungen mit stark wechselnder Amplitude überlagert. — Bei der Verteilung der Beobachtungen von 1952—53 über die Amplitude von $10^{m}_{.}5$ bis $13^{m}_{.}9$ überraschte, im Gegensatz zu anderen Sternen, die Gleichförmigkeit (a. a. O. S. 352); es gibt keine ausgeprägten Häufungsstellen, d. h. bevorzugte Größenintervalle etwa im Sinne einer „Normal"- oder Ruhehelligkeit. Eine bescheidene Häufung bei $11^{m}_{.}0$ bis $11^{m}_{.}2$ von 6,9% der Gesamtheit ist durch einen etwa 8d dauernden Stillstand verursacht (a. a. O. Tafel 1). Sonst aber liegen die größeren Häufigkeiten in der Mitte des Bereichs, die geringeren bei den größten und den kleinsten Helligkeiten.

Vergleicht man mit diesen Feststellungen den Befund vom Jahre 1959, so sieht man zunächst, daß grundsätzliche Änderungen im Charakter und in den Komponenten des Lichtwechsels nicht eingetreten sind. Zwar zeigt die von 243 6710 bis 6850 reichende Kurvendarstellung (Tafel 4, 5) keine Stillstände oder ihnen gleichzusetzende Abschnitte sehr geringer Änderungen; aber auch bei den älteren Beobachtungen von 1952—53 haben die Stillstände nur geringe Bedeutung, und überdies sind in den von F. M. Bateson veröffentlichten Beobachtungen (Variable Star Section Circ. No. 96, R. A. S. of New Zealand) solche Abschnitte dargestellt, am deutlichsten ein Stillstand mit kleinen Schwankungen bei etwa $10^{m}_{.}1$ von 243 6444 bis 6466. Die regellosen Schwankungen traten unverändert in Erscheinung, auch die quasi-periodischen Wellen, auf die noch besonders einzugehen ist.

Aber dennoch sind einige bemerkenswerte Unterschiede zwischen den Kurvendarstellungen von 1952—53 und denen von 1959 zu erkennen. Die schmalen spitzen Minima, wovon 1959 mindestens 12 beobachtet sind, treten in der alten Darstellung stark zurück; dafür weist diese eine etwas größere Anzahl spitzer Maxima auf. Schon bei der bloßen Betrachtung der Kurven von 1959 bemerkt man eine etwas stärkere Bevorzugung größerer Helligkeiten, sei es, daß die Maxima breit sind oder die unregelmäßigen Schwankungen kleinerer Amplitude im wesentlichen um die Mittelgröße 11^{m} verlaufen. Dieser Sachverhalt wird durch das Histogramm (Tafel 9) bestätigt, das ein deutliches Maximum von 7,8% bei $11^{m}_{.}5$ aufweist mit stetigem Abfall nach den Extremen hin. Die Amplitude ist etwas größer als vordem, sie reicht von $10^{m}_{.}3$ bis $14^{m}_{.}5$, wodurch eine Vertiefung der Minima angezeigt wird.

Es ist interessant festzustellen, daß sich T Cha, ein typischer Vertreter der raschwechselnden RW Aur-Sterne großer Amplitude, damit ein wenig der „algol-ähnlichen" BO Cep-Untergruppe genähert hat, bei der von einem mehr oder minder gut eingehaltenen „Normallicht" ausgehend geringe kurzdauernde Erhellungen und tiefere algolartige Minima auftreten, wenn auch mit wesentlich kleineren Amplituden als bei T Cha.

Die Prüfung der Frage nach quasi-periodischen Bestandteilen der Lichtkurve ergab die folgende überraschende Darstellung der 20 hinreichend gesicherten Minima (siehe S. 101).

Die Periode entspricht sehr nahe dem früher abgeleiteten Wert des Systems III (a. a. O. S. 343): $P = 3^{d}_{.}2323$, der damals über 200 Tage hinweg mit 26 beobachteten

Min.	E	$B-R$	Min.	E	$B-R$
243 6723.3	0	−0.3	243 6785.2	19	0.0
6730.3	2	+0.2	6788.4	20	−0.1
6736.7	4	+0.1	6810.4	27	−0.8
6742.3	6	−0.8	6817.6	29	−0.1
6746.3	7	0.0	6820.5	30	−0.4
6749.5	8	0.0	6824.6	31	+0.4
6772.1	15	−0.2	6830.6	33	0.0
6775.8	16	+0.3	6834.6	34	+0.7
6778.6	17	−0.1	6846.6	38	−0.3
6781.5	18	−0.5	6849.7	39	−0.4

$$\text{Min.} = 243\,6723.6 + 3.2436 \cdot E$$

Epochen als wirksam nachgewiesen wurde, wogegen die nur für 31^d bzw. 21^d als wirksam gefundenen Werte System I: $P = 3\overset{d}{.}4375$ und System II: $P = 4\overset{d}{.}1800$ im Jahre 1959 nicht in Erscheinung traten.

Man muß bei der Beurteilung der Darstellung beachten, daß es sich nicht um einen Bedeckungsvorgang handelt und daß den quasi-periodischen Wellen der rasche unperiodische Lichtwechsel überlagert ist. Dies kommt auch darin zum Ausdruck, daß nicht wenige der Formel entsprechende Minima ausgefallen sind. Es sind auch Andeutungen erkennbar, daß zeitweilig jedes zweite Minimum betont ist, ähnlich wie bei einem RV Tauri-Stern. Wesentlich ist allein der Umstand, daß die 1952—53 nachgewiesene Periode des Systems III auch im Jahre 1959 wirksam war, also sehr wahrscheinlich charakteristisch ist für die Eigenschaften des Sterns und die Art seines Lichtwechsels. Es entspricht der in der Zwischenzeit eingetretenen Änderung des Verhaltens des Sterns, daß in den Jahren 1952—53 die Maxima, im Jahre 1959 die Minima für den Nachweis der Periodizität gebraucht wurden.

RU Lupi

Die Veränderlichkeit wurde 1916 von Cannon entdeckt; der Stern erhielt die vorläufige Bezeichnung 74.1916 = HV 3402 (Harvard Circ. 196). Die Einordnung als RW Aurigae-Stern erfolgte 1943 vom Verfasser (Kleinere Veröffentl. Berlin-Babelsberg 27.32).

Das Verhalten des Sterns im Jahre 1959 gleicht in jeder Hinsicht dem von 1952—53. Die photographische Beobachtungsreihe von 1937—38 hatte eine Amplitude von fast 4 Größenklassen ergeben, die dadurch zustande kam, daß dem sehr raschen unperiodischen Lichtwechsel von 1 bis 2 Größenklassen Umfang eine langsame Welle großer Amplitude überlagert war, deren Periode zu etwa 270^d geschätzt wurde. Diese Welle fehlte 1952—53, und die Amplitude betrug daher nur $1\overset{m}{.}1$ (Veröffentl. Stw. Sonneberg 3.345, 1958. Die daselbst gegebenen Größen erfordern eine Korrektur von $+0\overset{m}{.}5$).

Im Jahre 1959 zeigte der Stern ebenfalls rasche Schwankungen um eine bei $10\overset{m}{.}9$ liegende mittlere Helligkeit. Sie führten dann und wann zu ausgeprägten Maxima und Minima und wurden, soweit beobachtet, nur einmal, von 243 6740 bis 6749, durch einen stillstandähnlichen Zustand bei $10\overset{m}{.}8$ unterbrochen. Auch die Verteilung der Beobachtungen zeigt eine starke Häufung bei $10\overset{m}{.}7$ bis $10\overset{m}{.}9$, so daß die Ausschläge zur Seite der Maxima hier größer sind als zu der der Minima. Die Verteilungskurve (Tafel 9) stimmt praktisch überein mit derjenigen von 1952--53, allenfalls tritt das eben beschriebene Verhalten jetzt noch deutlicher hervor als damals.

Die Reihe von 1952—53 ergab quasi-periodische Schwingungen von $3^{d}.55$ und $3^{d}.84$ aus den Maxima; doch wurde bemerkt, daß sie von geringerer Bedeutung seien als bei T Cha. Auch die Beobachtungen von 1959 zeigen in den Maxima an einigen Stellen Andeutungen dieser Perioden. Indessen ist der Befund so unsicher, daß man ihm ohne Kenntnis des früheren Verhaltens des Sterns keine Bedeutung beimessen würde. Die Minima weisen mehrmals Zwischenzeiten von 2 oder 3 Tagen auf, so daß periodische Bestandteile des Lichtwechsels nicht unmittelbar in Erscheinung treten.

RY Lupi

Entdeckt von WOOD 1921 mit der Bezeichnung HV 3582 (Harvard Circ. 225), wurde der Stern 1943 vom Verfasser als zur RW Aurigae-Klasse gehörend erkannt (Kleinere Veröffentl. Berlin-Babelsberg 27.34).

Die photographischen Beobachtungen von 1935 bis 1938 einerseits und die visuellen und photographischen Beobachtungen von 1952—53 andererseits sind in guter Übereinstimmung. Der Stern verhielt sich wesentlich anders als T Cha und RU Lup. Der wichtigste Wesenszug war die gute Einhaltung eines „Normallichts“ zwischen $9^{m}.9$ und $10^{m}.2$, von dem aus selten geringe Erhebungen, häufig starke Abschwächungen stattfanden, welch letztere oft die Form algolartiger Minima, ähnlich denen von T Cha im Jahre 1959, annahmen. Quasi-periodische Folgen der Minima hatten geringe Bedeutung; wo sie auftraten, lagen die Zwischenzeiten bei 3 und 4 Tagen. Zeitweise aber war der Lichtwechsel sehr unruhig und völlig regellos, jedoch meist mit Amplituden unter 1 Größenklasse.

Die vorstehende Beschreibung gilt auch für das Verhalten des Sterns im Jahre 1959, indessen mit zwei Unterschieden in den Einzelheiten: Erstens sind die Erhebungen über das bei $10^{m}.1$ bis $10^{m}.2$ liegende Normallicht selten und unbedeutend; zweitens tritt die Periodizität der Minima viel stärker in Erscheinung als bei den älteren Reihen.

Min.	*E*	*B−R*	Min.	*E*	*E−R*
243 6733.2	0	0.0	243 6778.0	12	−0.3
6736.9	1	−0.1	6789.0	15	−0.6
6744.3	3	−0.2	6804.0	19	−0.7
6748.4	4	+0.2	6807.9	20	−0.5
6756.3:	6	+0.5	6819.7	23	0.0
6760.2	7	+0.7	6868.9	36	+0.3
6770.8:	10	0.0	6879.9	39	0.0
6774.8	11	+0.2			

$$\text{Min.} = 243\,6733.2 + 3.7609 \cdot E$$

Die letzte Epoche der Tabelle gehört zu einem tiefen Minimum, das durch eine Einzelbeobachtung von JONES belegt ist. Die Minima $E = 6$ und 7 scheinen reell verspätet zu sein. In Tafel 4 sind die berechneten Zeiten der Minima bezeichnet. Bemerkenswert ist, daß auch bei zeitweise geringem Lichtwechsel mehrfach die Tendenz zur Ausbildung eines Minimums zu berechneten Epochen angedeutet ist. Bei der Bestimmung der Periode sind diese Minima nicht benutzt worden.

AK Scorpii

Der Stern wurde im Jahre 1907 von LEAVITT als veränderlich erkannt; vorläufige Bezeichnung 221.1907 = HV 3057 (Harvard Circ. 135). Vom Verfasser wurde er 1943 der algol-ähnlichen Variante des RW Aurigae-Typus zugeschrieben (Kleinere Veröffentl. Berlin-Babelsberg 27.49).

Die Verteilung der Beobachtungen über die Helligkeitsstufen ist die eines typischen BO Cep-Sterns; ein Normallicht bei $10^{m}.3$ ist von mehr als 50% der Beobachtungen besetzt, auch zeigt die Kurve mehrtägige Stillstände bei dieser Größe. Erhellungen bis $10^{m}.0$ und Minima bei $11^{m}.0$ passen ebenfalls in das Schema. Dennoch darf AK Sco nicht als BO Cep-Stern bezeichnet werden, denn der Gesamteindruck der Lichtkurve ist ganz anders. Insbesondere sind die Minima nur manchmal algolartig, oft aber breit und von stark wechselnder Form. Der Veränderliche ist daher als typischer RW Aurigae-Stern mit etwas kleinerer Amplitude anzusprechen.

AK Sco wurde noch in Kat. u. Eph. 1941 auf Grund der Entdeckungsanzeige von LEAVITT (1907) als Algolstern geführt, indessen war bekannt, daß Unregelmäßigkeiten vorkommen. Bei den Beobachtungen im Jahre 1937 war das „Normallicht" mit algolartigen Schwächungen und geringeren Erhellungen gut ausgeprägt, doch wurde der Stern als RW Aur-ähnlich (RWs) klassifiziert. Der Befund stimmt sehr nahe überein mit dem von 1959 und auch mit der von S. GAPOSCHKIN gegebenen Beschreibung (Harvard Ann. 115.168). Dagegen war sein Verhalten 1952—53 wesentlich anders. Die Verwandtschaft zur Untergruppe BO Cep war kaum erkennbar, dafür zeigten sich Wellen von 10 bis 15 Tagen Länge, denen die raschen Änderungen überlagert waren. Der Veränderliche war demnach ein typischer RWs-Stern. Auch das Verteilungsdiagramm der Beobachtungen war verändert: das Maximum der Anzahl lag unter der Mittelgröße und war relativ schwach besetzt. Es ist bemerkenswert, daß der Stern im Jahre 1959 zu dem früheren Verhalten zurückgekehrt ist, was besonders deutlich wird, wenn man die Verteilungsdiagramme der Beobachtungen vergleicht.

Die Minima zeigten 1959 manchmal Zwischenzeiten von 5 bis 6 Tagen; eine Periodizität läßt sich an einer etwa 60^{d} langen Teilreihe nachweisen.

Min.	E	$B-R$
243 6786.0	0	−0.1
6791.5	1	+0.3
6806.3	4	−0.4
6811.0:	5	−0.8
6821.5	7	+0.4
6832.9	9	+0.5
6837.9	10	+0.3
6842.0	11	−0.7
6848.0	12	+0.1

$$\text{Min.} = 243\,6786.1 + 5.1480 \cdot E$$

Ergebnisse

Die 4 bereits 1952—53 genau und fortlaufend beobachteten Sterne T Cha, RU Lup, RY Lup, AK Sco wurden auf Grund der im Jahre 1959 erlangten Beobachtungen erneut untersucht. Der in den vorausgehenden Abschnitten dargelegte Befund läßt sich in folgenden allgemeinen Feststellungen zusammenfassen:

1. Die früher gegebene Kennzeichnung der Sterne erwies sich in allen 4 Fällen als richtig, was bedeutet, daß die Beobachtungen von 1959 nichts ergaben, was eine wesentlich andere Einordnung eines der Sterne gerechtfertigt hätte.

2. Dennoch zeigten die Beobachtungen in 3 Fällen signifikante Unterschiede, das heißt solche Unterschiede, die nicht als statistische Streuung der Verhaltensweisen gedeutet werden können. Nur bei RU Lupi wurde eine praktisch vollkommene Übereinstimmung des Befundes von 1959 mit dem von 1952—53 bemerkt. Das Zurücktreten der quasi-periodischen Bestandteile der Lichtkurve gegenüber 1952 - 53 dürfte in Anbetracht der relativ geringen Bedeutung dieser Elemente keine wesentliche Änderung darstellen.

3. Die signifikanten Änderungen bestehen bei T Cha in einer wesentlich stärkeren Ausbildung der Minima und damit einer Verschiebung des Verteilungsmaximums der Beobachtungen nach größeren Helligkeiten hin, bei RY Lupi im Auftreten einer quasi-periodischen Welle, die 1952—53 nur andeutungsweise vorhanden war, 1959 aber sehr deutlich in Erscheinung trat, bei AK Sco im Übergang zu dem „algol-ähnlichen" Untertypus, womit der Stern zu dem Verhalten zurückkehrte, das ihn schon 1937 gekennzeichnet hatte. Dabei wurde der Charakter der Verteilung der Beobachtungen grundsätzlich geändert.

Diese Ergebnisse erlauben einige Folgerungen, die für die Theorie der RW Aur-Sterne von Bedeutung sein können. Bemerkenswert scheint zunächst das Verhalten von T Cha, der ja ein typischer Vertreter seiner Klasse mit sehr großer Amplitude ist. Es ist überraschend, daß gerade dieser Stern im Jahre 1959 eine Annäherung zum „algol-ähnlichen" Untertypus hin zeigte, der normalerweise viel kleinere Amplituden aufweist. Höchstwahrscheinlich handelt es sich dabei nur um einen vorübergehenden Effekt. In demselben Zusammenhang ist auf die Wandlung bei AK Sco hinzuweisen, demjenigen der 4 Sterne, der dem Untertypus BO Cep am nächsten steht. Diese Erfahrungen zeigen, wie wenig man bei der physikalischen Erklärung des Lichtwechsels von gewissen „Modellvorstellungen" erwarten darf, die mit einem mehr oder minder festen „Normallicht", gleichzusetzen mit „Normalzustand", verknüpft sind. Solche Vorstellungen sind etwa der „Bedeckungsstern" im weitesten Sinne, also auch Opazitätsänderungen einschließend, mit hellem Normallicht und der „Eruptionsstern" mit schwachem Normallicht.

Bemerkenswert scheint auch die Erkenntnis hinsichtlich der periodischen Bestandteile der Lichtkurven. Solche quasi-periodischen Wellen sind bei allen 4 Sternen erkannt, so daß man sie wohl als eine nicht seltene Erscheinung im Lichtwechsel der RW Aur-Sterne ansehen darf. Besondere Bedeutung dürfte der Feststellung zukommen, daß sich bei T Cha in den beiden um 7 Jahre auseinanderliegenden Reihen dieselbe Periode ergab, ein Hinweis, daß diese Periode von $3^{d}.24$ als „sterntypisch" betrachtet werden könnte. Auch ist zu beachten, daß alle überhaupt gefundenen Periodenwerte bei einigen Tagen liegen, z. B. der Wert $3^{d}.76$ für RY Lupi, die früher berechneten Werte $3^{d}.55$ und $3^{d}.84$ für RU Lupi und $5^{d}.15$ bei AK Sco.

Bei der früheren 1958 erschienenen Bearbeitung (a. a. O. S. 350f) habe ich zur Erklärung dieser Erscheinungen partielle oder anisotrope Pulsationen in Betracht gezogen. Gegen Rotation in Verbindung mit ungleichmäßiger Helligkeitsverteilung sprach die Veränderlichkeit der Perioden von T Cha und RU Lup. Nachdem jetzt aber die Existenz sterntypischer Perioden wahrscheinlich gemacht ist, möchte ich die Ansicht vertreten, daß es sich doch um Rotationseffekte handelt in Verbindung mit wechselnder ungleichförmiger Verteilung der Helligkeit. Das Auftreten anderer, nicht stark abweichender Periodenwerte ließe sich auf zwei Arten erklären: durch Verschiebung der hellen oder dunklen Felder in satrographischer Länge oder durch Abhängigkeit der Rotationsperiode von der astrographischen Breite. In Analogie zur Sonne ist letztere Lösung die wahrscheinlichere, zumal man in Länge ziemlich große Verschiebungen brauchte. Aber gewisse Unregelmäßigkeiten, wie z. B. die oben erwähnte Verspätung zweier Minima von RY Lupi, lassen sich durch temporäre Veränderungen der Lichtverteilung zwanglos erklären.

Es bietet sich eine gewisse Möglichkeit zur Prüfung der hier vorgetragenen Ansicht dar: Wenn es sich um Rotationseffekte handelt, dann müssen sich auch für andere Sterne, die ähnliche Eigenschaften haben wie T Cha, sterntypische Perioden nachweisen lassen. Wie oben ausgeführt, war es nicht möglich, eine sichere Periodizität für RU Lupi zu erkennen, für den aus den Beobachtungen 1952—53 die beiden Perioden $3\overset{d}{.}5457$ und $3\overset{d}{.}8375$ erhalten wurden. Umgekehrt ergab sich für RY Lupi aus den Beobachtungen 1959 die Periode $3\overset{d}{.}7609$, wogegen aus der älteren Reihe kein sicherer Wert hervorgegangen war, nur der Hinweis, daß eine etwaige Periode zwischen 3 und 4 Tagen liegen könnte. Ebenso verhält es sich bei AK Scorpii mit der 1959 gefundenen Periode $5\overset{d}{.}1480$. Mit vorgegebenen Periodenwerten ist es jetzt möglich nachzuprüfen, ob auch in den Reihen, für die zunächst kein sicheres Ergebnis zu erlangen war, die Wirkung der Periode erkennbar ist.

RU Lupi: Die längere der beiden früher gefundenen Perioden, $3\overset{d}{.}8375$, stellt die 5 Maxima in dem Kurvenzug von 243 6725 bis 6750 gut dar; im übrigen ist der Verlauf der Kurve so unruhig und zwischen sehr geringen Änderungen und starken Schwankungen wechselnd, daß daraus weitere Schlüsse nicht gezogen werden können.

RY Lupi: Die im Jahre 1959 erhaltene Periode läßt sich 1952—53 mittels einiger Minima einwandfrei nachweisen:

$$\text{Min.} = 243\,4505.8 + 3.7609 \cdot E$$

Min.	E	$B-R$
243 4505.5	0	−0.3
4509.6	1	0.0
4512.9	2	−0.4
4547.2	11	0.0
4566.3	16	+0.3
4570.0	17	+0.3
4577.0:	18	−0.3

Auch im vorausgehenden Abschnitt 243 4476 bis 4495 stellt die Formel die tiefsten Minima dar, doch in weniger überzeugender Weise wegen des sehr unruhigen Verlaufs der Kurve.

AK Scorpii: Die Periode ist 1952—53 nicht nachweisbar; der Lichtwechsel zeigt flache Wellen von 10 bis 15 Tagen Länge, ist aber im ganzen gering und besteht in raschen Schwankungen von der Dauer 1 bis 2^{d}.

Bei der Beurteilung des Ergebnisses muß man beachten, daß primär ein starker unperiodischer Lichtwechsel vorliegt und daß Rotationseffekte daher nur sekundär in Erscheinung treten können. Nach den vorstehenden Ausführungen aber dürften bei 2 Sternen, T Cha und RY Lup, die festen typischen Perioden nachgewiesen sein, während bei RU Lup und AK Sco noch zweifelhaft ist, ob die beobachteten Periodenwerte typisch sind.

Typische Perioden

T Cha	$3^d\!.2436$
RY Lup	$3^d\!.7609$
RU Lup	$3^d\!.8375$ (?)
AK Sco	$5^d\!.1480$ (?)

Zur Erklärung der Beobachtungen muß man annehmen, daß starke Ungleichmäßigkeiten in der Lichtverteilung über die Oberfläche des Sterns auftreten und über Zeitabschnitte von der Mindestlänge eines Monats, oft auch länger, erhalten bleiben. Von der Aktivität der Sonne sind solche Erscheinungen bekannt: langwährende Unterschiede beider Hemisphären und das Auftreten langlebiger Aktivitätszentren in bestimmten heliographischen Längen. Aber selbstverständlich darf man keine Vergleiche ziehen zwischen der Sonne und einem ganz anders gearteten jungen instabilen Stern. Doch sollte der letztere mehr Möglichkeiten in der zur Diskussion stehenden Hinsicht bieten als die sehr stabile Sonne.

Die Frage, ob die quasi-periodischen Vorgänge etwa durch Begleiter in sehr exzentrischen Bahnen gesteuert werden, soll nicht im einzelnen erörtert werden. Diese Lösung würde eine zusätzliche Hypothese erfordern, wogegen Rotation als gegeben betrachtet werden darf. Auch sind die Periodenänderungen damit weniger gut deutbar.

Wichtig für die Beantwortung dieser Fragen wäre es, auch an anderen RW Aur-Sternen den Nachweis typischer Perioden zu versuchen. Man darf nicht unbedingt einen Erfolg erwarten, denn es könnte sein, daß sich die geforderte Ungleichmäßigkeit der Helligkeitsverteilung nicht bei allen Objekten der Klasse einstellt oder daß die Lebhaftigkeit des physischen Lichtwechsels die Rotationseffekte verdeckt.

Das Nebeneinander des starken physischen und des Rotationslichtwechsels verlangt als Voraussetzung für die Erlangung geeigneter Lichtkurven sehr gute klimatische Bedingungen und möglichst die Ergänzung durch Beobachtungen an Orten mit um etwa 180° verschiedener geographischer Länge.

Auch auf die Bedeutung spektrographischer Beobachtungen mit möglichst großer Dispersion ist nachdrücklich hinzuweisen.

Bemerkungen zu den Kurventafeln

Auf den Tafeln 1 bis 3 sind nach den Beobachtungen des Verfassers die einzelnen Nachtreihen von T Cha dargestellt, um zu zeigen, welche Erscheinungen der Stern dem Beobachter darbietet. Die Tafeln 4 bis 8 geben die Lichtkurven der Sterne T Cha, RU und RY Lup, AK Sco unter Einbeziehung aller Beobachtungen, wobei der Zeitmaßstab gegen Tafeln 1 bis 3 auf ein Zehntel reduziert ist. Bei T Cha und RU Lup sind die vom Verfasser beobachteten Kurventeile verstärkt gezeichnet, bei RY Lup und AK Sco sind die Einzelbeobachtungen eingetragen. Ringe bedeuten visuelle Beobachtungen auf Neuseeland, Kreuze photographische Beobachtungen des Verfassers. Man beachte, daß bei den Sternen mit kleinerer Amplitude RU Lup und AK Sco der Maßstab der Helligkeit gegenüber den beiden anderen Sternen auf das Zweifache erweitert ist. Auf Tafel 7, RY Lup betreffend, sind unter den Kurvenzügen die Stellen der nach der Formel berechneten Minima eingetragen.

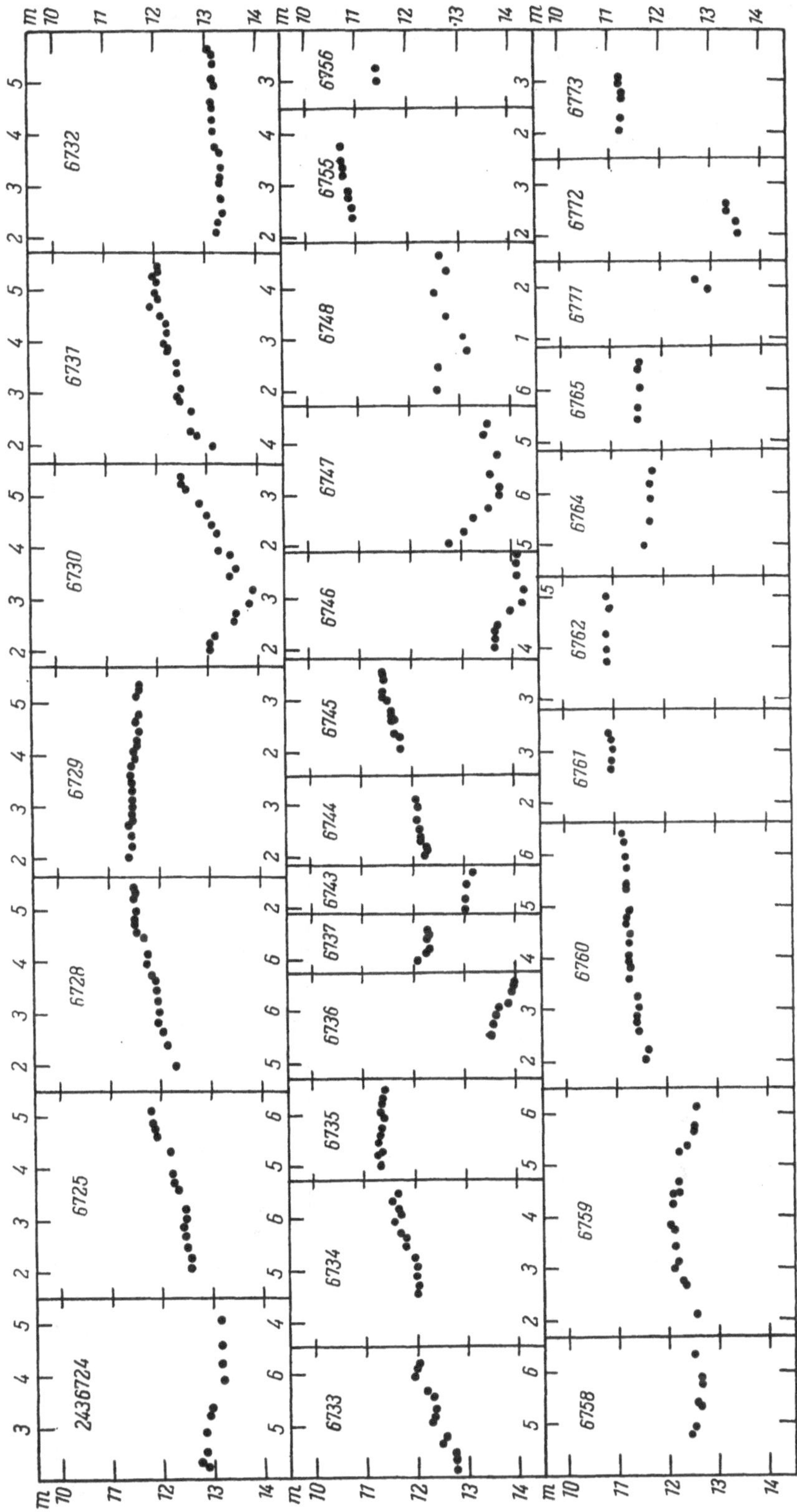
2436724
6725
6728
6729
6730
6731
6732
6733
6734
6735
6736
6737
6743
6744
6745
6746
6747
6748
6755
6756
6758
6759
6760
6761
6762
6764
6765
6771
6772
6773
m

T Cha

Tafel I

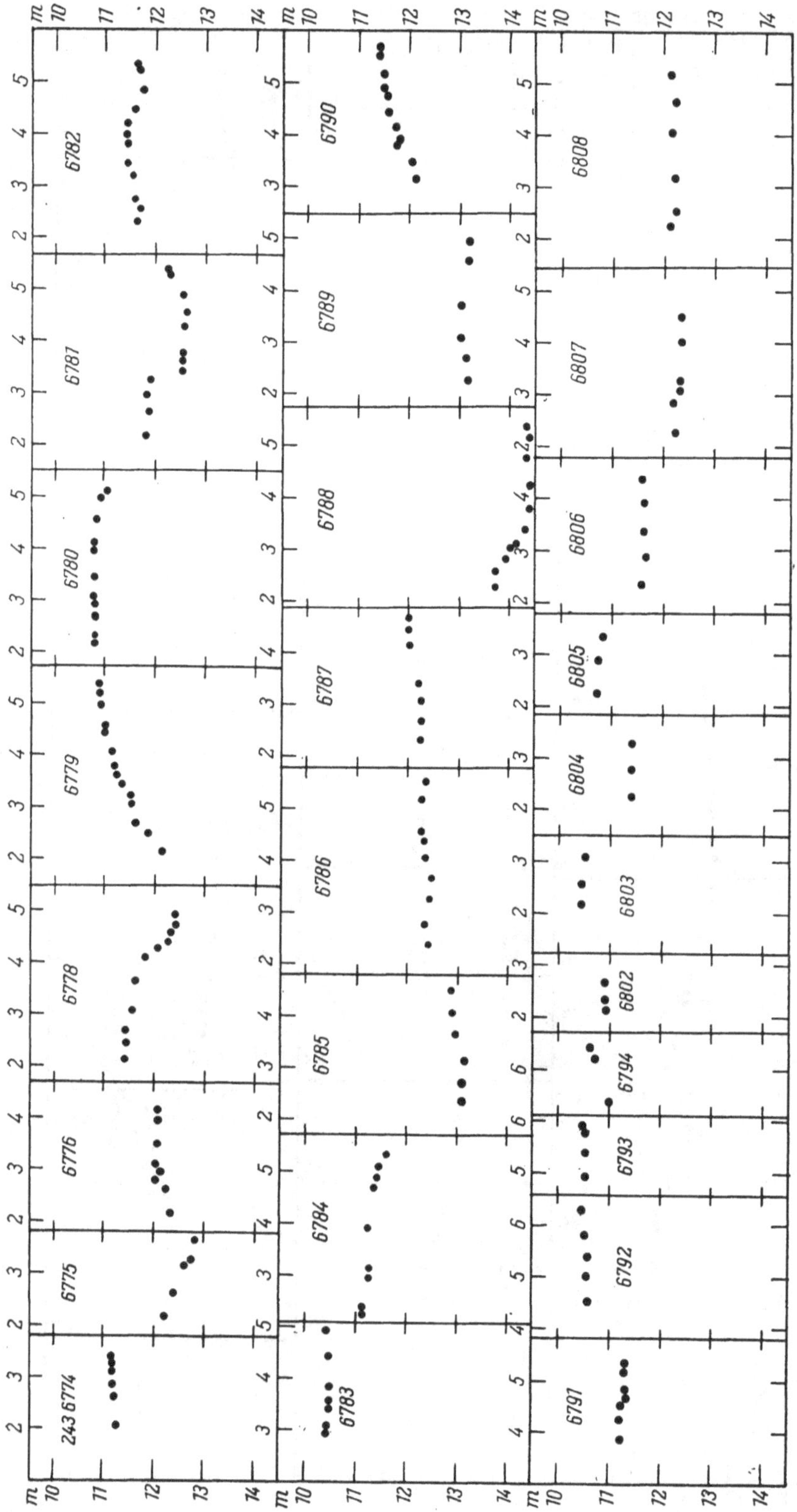
243 6774
6775
6776
6778
6779
6780
6781
6782
6783
6784
6785
6786
6787
6788
6789
6790
6791
6792
6793
6794
6802
6803
6804
6805
6806
6807
6808

T Cha
Tafel 2

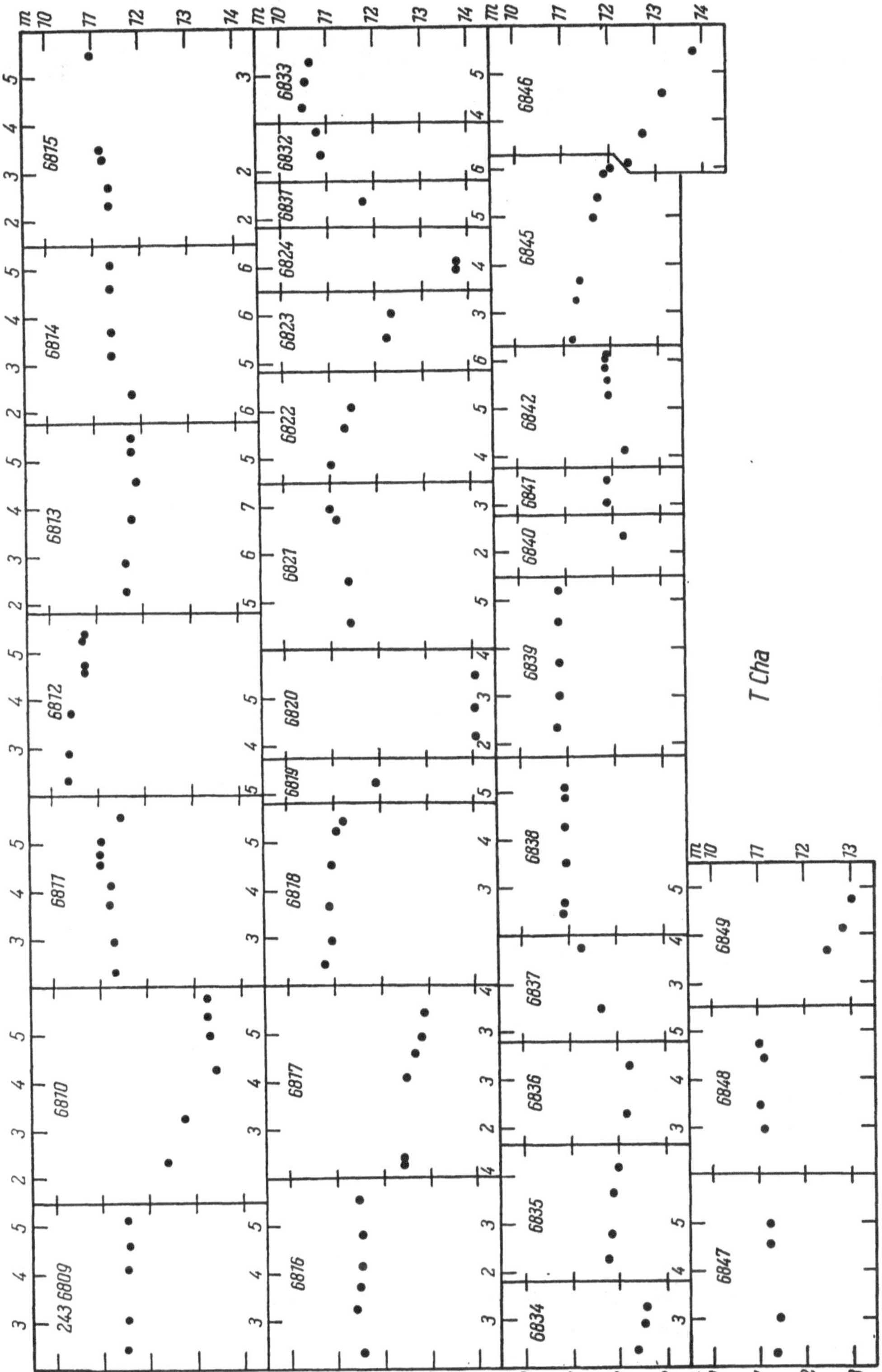

Tafel 3

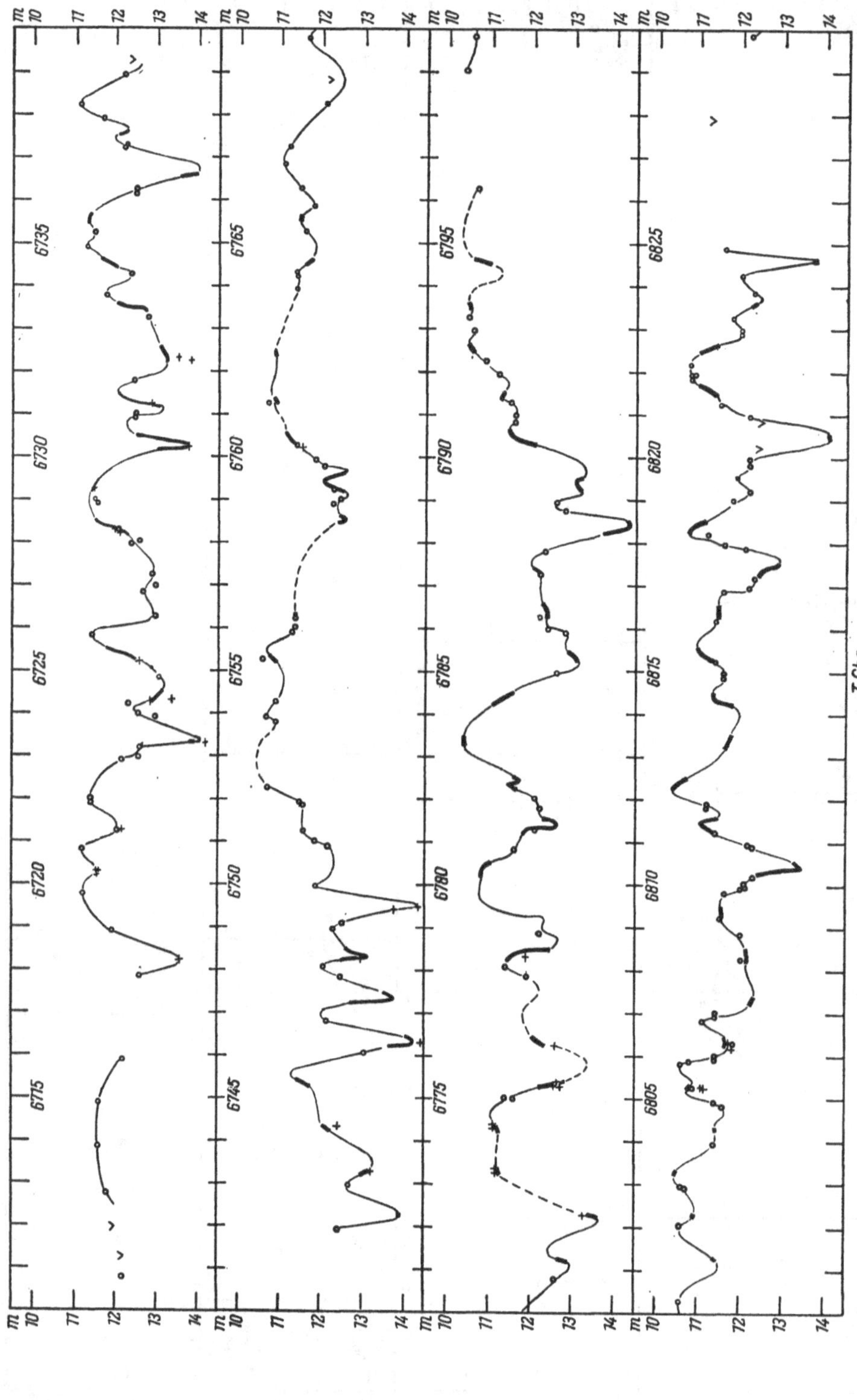
m
10
11
12
13
14
6715
6720
6725
6730
6735
6745
6750
6755
6760
6765
6775
6780
6785
6790
6795
6805
6810
6815
6820
6825

T Cha

Tafel 4

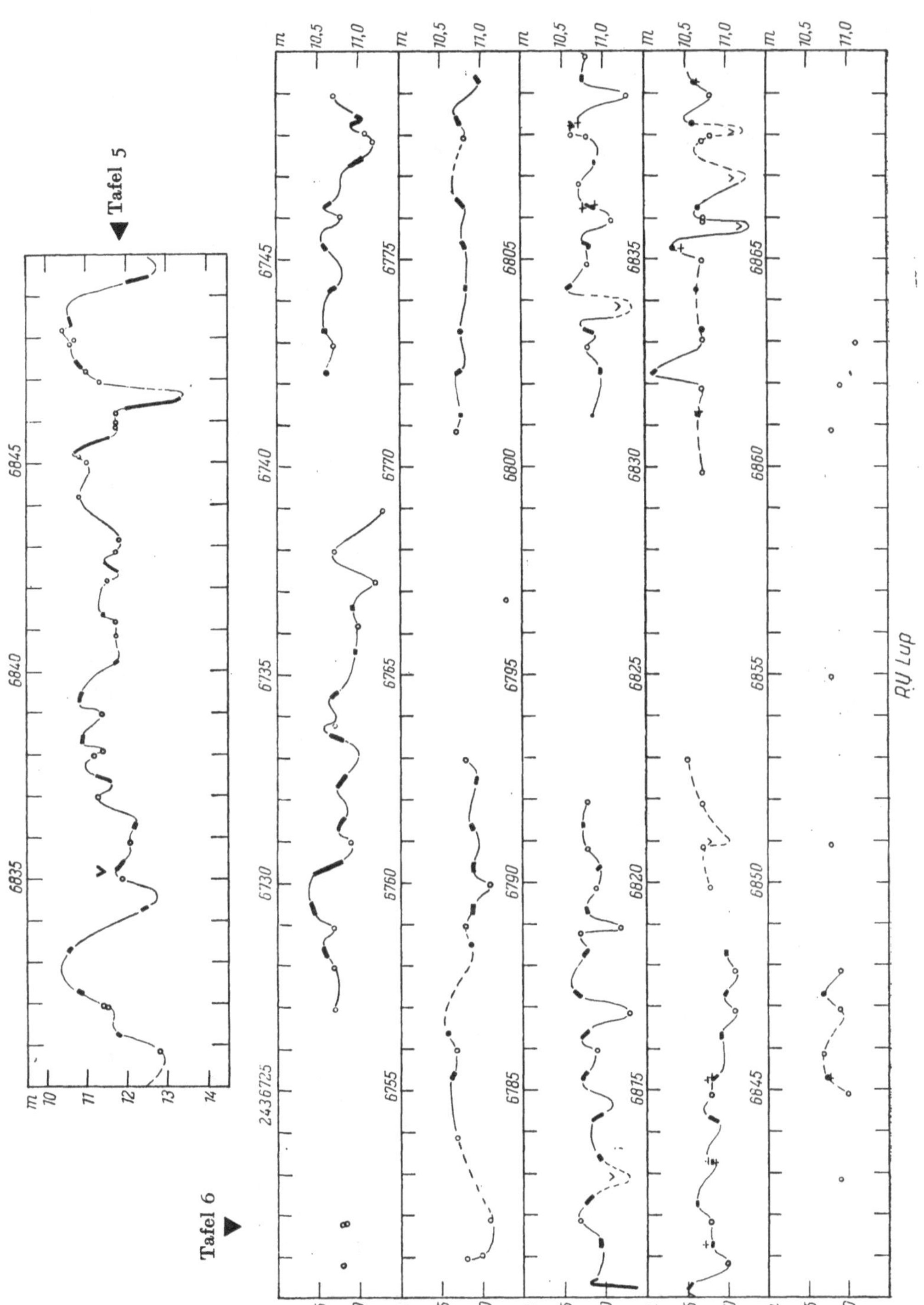
Tafel 5
Tafel 6
RU Lup
2436725
6835
6840
6845
m
10
11
12
13
14
10,5
11,0

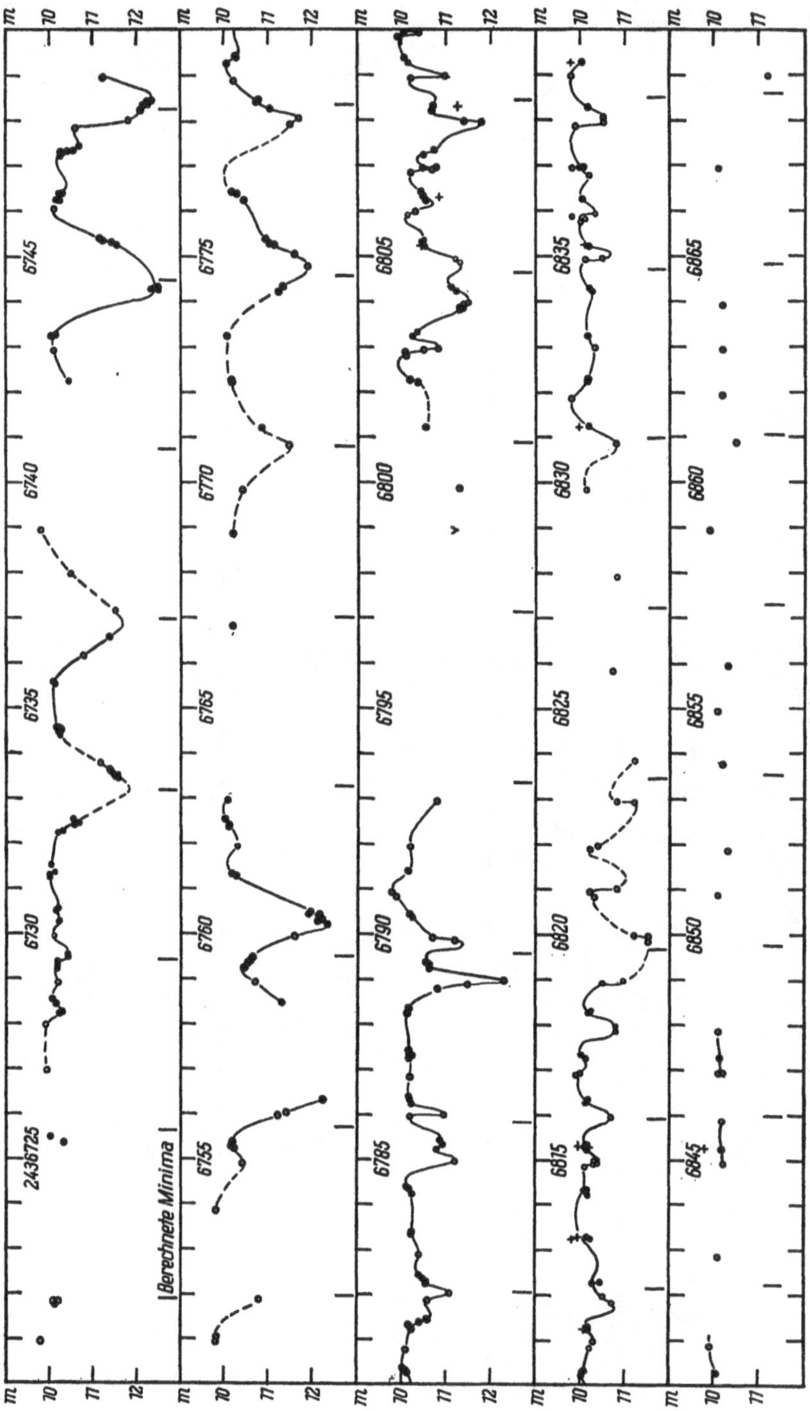

RY Lup

Tafel 7

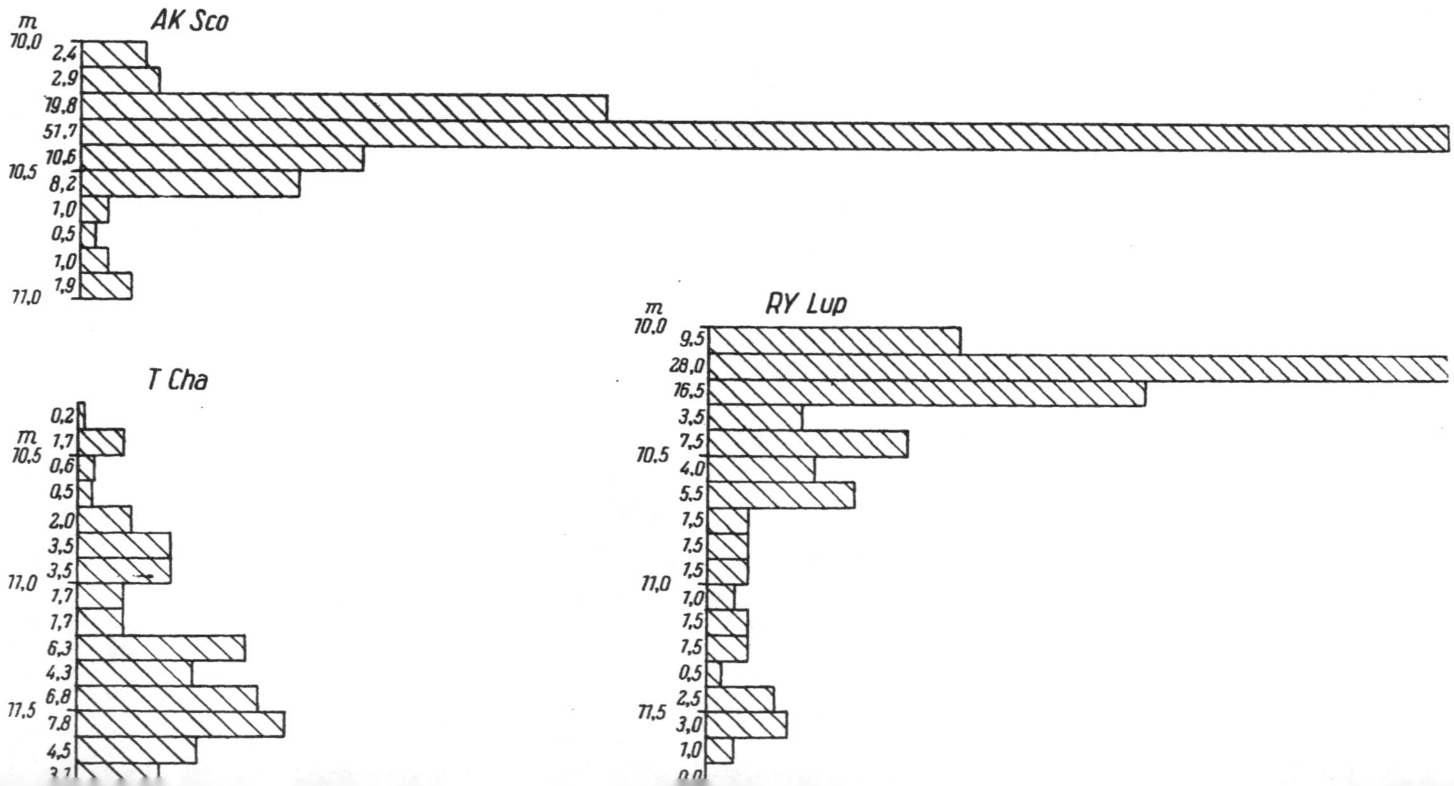

AK Sco
m
10,0
2,4
2,9
19,8
51,7
10,6
10,5
8,2
1,0
0,5
1,0
1,9
11,0
T Cha
0,2
m
10,5
1,7
0,6
0,5
2,0
3,5
3,5
11,0
1,7
1,7
6,3
4,3
6,8
11,5
7,8
4,5
RY Lup
m
10,0
9,5
28,0
16,5
3,5
7,5
10,5
4,0
5,5
1,5
1,5
1,5
11,0
1,0
1,5
1,5
0,5
2,5
11,5
3,0
1,0

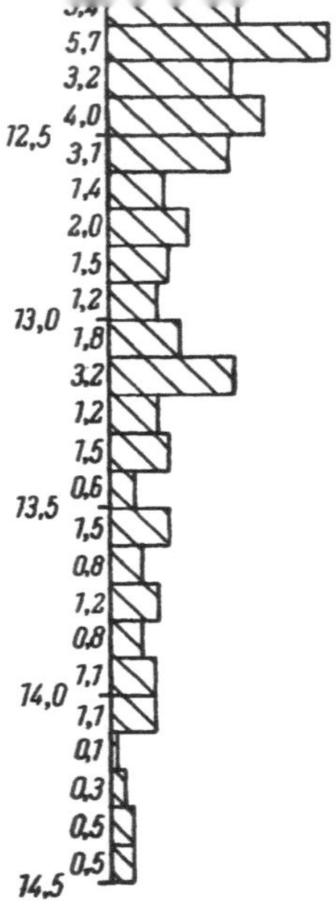

5,7
3,2
4,0
12,5
3,1
1,4
2,0
1,5
1,2
13,0
1,8
3,2
1,2
1,5
0,6
13,5
1,5
0,8
1,2
0,8
1,1
14,0
1,1
0,1
0,3
0,5
0,5
14,5

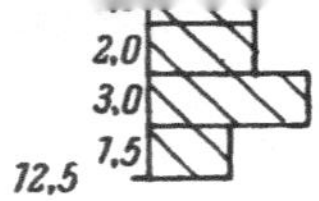

2,0
3,0
1,5
12,5

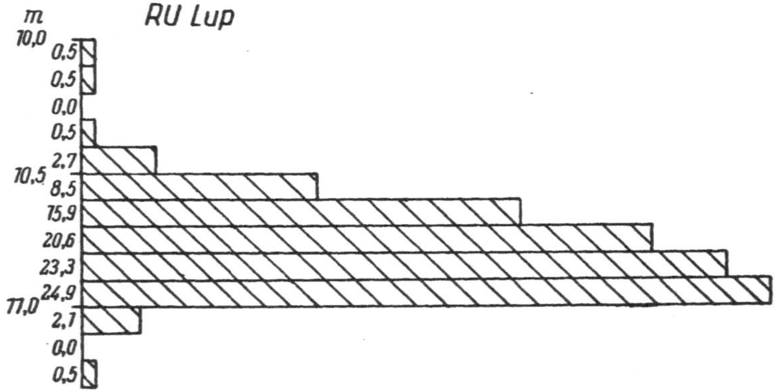

RU Lup
m
10,0
0,5
0,5
0,0
0,5
2,7
10,5
8,5
15,9
20,6
23,3
24,9
11,0
2,1
0,0
0,5

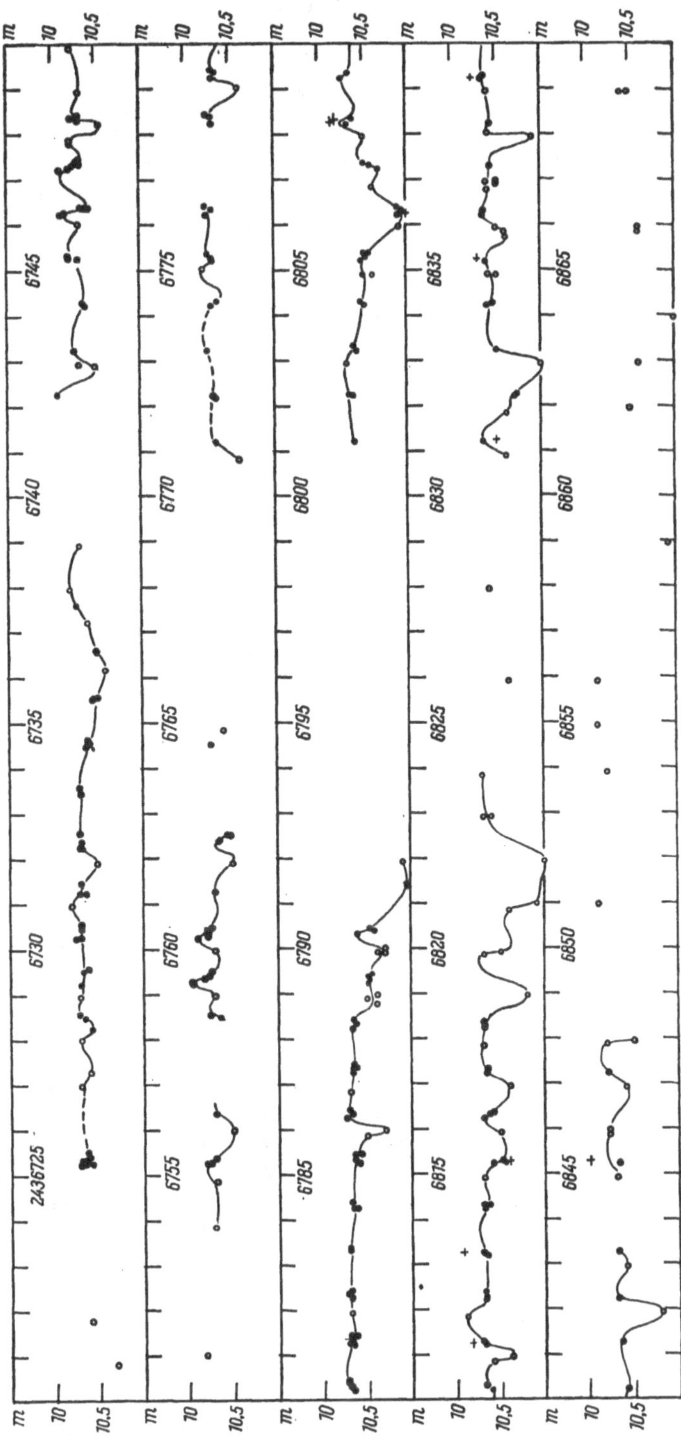

AK Sco

Tafel 8

Beobachtungen

T Chamaeleontis

Beob.: Hoffmeister, visuell

Tag	Gr.	Tag	Gr.	Tag	Gr.
243 6723.308	13ᵐ38	243 6729.222	10ᵐ98	243 6731.338	11ᵐ94
6724.223	12.39	244	10.98	358	11.92
235	12.25	262	10.92	380	11.73
253	12.36	274	11.00	387	11.73
292	12.36	285	10.98	398	11.68
321	12.41	299	11.00	417	11.73
339	12.44	314	11.00	436	11.73
391	12.70	330	11.00	449	11.62
427	12.68	345	10.98	469	11.40
460	12.67	360	10.95	484	11.55
506	12.67	378	10.98	493	11.49
6725.209	12.10	392	11.06	512	11.51
226	12.10	403	11.03	526	11.47
248	12.01	416	11.08	534	11.56
271	11.99	427	11.08	542	11.56
289	11.94	446	11.13	6732.208	12.74
304	11.99	464	11.07	229	12.77
321	11.99	477	11.11	248	12.82
360	11.85	514	11.08	276	12.82
374	11.78	523	11.13	304	12.82
391	11.73	535	11.11	316	12.82
432	11.68	6730.201	12.53	335	12.82
462	11.43	214	12.51	365	12.82
478	11.38	229	12.62	386	12.71
487	11.33	257	13.03	403	12.68
511	11.30	274	13.05	427	12.68
6728.199	11.82	291	13.30	452	12.66
238	11.64	316	13.38	460	12.66
266	11.56	345	12.93	494	12.71
283	11.49	360	13.02	505	12.64
301	11.49	386	12.95	539	12.68
326	11.47	394	12.72	555	12.66
345	11.43	427	12.68	565	12.60
361	11.42	445	12.58	6733.415	12.25
374	11.33	464	12.48	432	12.25
396	11.25	485	12.35	448	12.25
414	11.28	513	12.08	467	11.99
447	11.20	521	11.99	481	12.08
457	11.03	537	11.99	507	11.79
472	11.02	6731.199	12.61	518	11.85
480	11.00	209	12.32	532	11.86
499	11.03	226	12.19	555	11.83
523	10.98	265	12.21	570	11.67
531	11.03	285	11.99	594	11.43
545	11.00	293	11.94	611	11.48
6729.201	10.91	308	11.99	621	11.54

Tag	Gr.	Tag	Gr.	Tag	Gr.
243 6734.455	11^{m}52	243 6744.270	11^{m}58	243 6755.335	10^{m}25
470	11.53	295	11.61	350	10.20
487	11.51	308	11.58	377	10.21
508	11.51	6745.208	11.26	6756.303	10.92
526	11.47	232	11.24	327	10.90
546	11.31	237	11.14	6758.480	11.95
563	11.31	263	11.10	495	11.99
573	11.20	267	11.14	532	12.11
596	11.10	276	11.10	540	12.08
608	11.22	282	11.08	578	12.12
619	11.18	301	11.03	590	12.12
635	11.09	309	10.92	634	11.99
648	11.14	316	10.95	6759.210	12.04
6735.501	10.82!	320	10.95	266	11.85
523	10.79	345	10.98	274	11.78
529	10.82	351	10.95	299	11.62
549	10.79	356	10.92	314	11.68
564	10.82	6746.203	13.13	343	11.62
576	10.84	219	13.18	374	11.61
598	10.87	235	13.18	385	11.56
605	10.82	248	13.22	424	11.59
621	10.84	275	13.47	443	11.59
633	10.87	290	13.70	446	11.73
650	10.92	316	13.72	469	11.73
6736.551	13.02	341	13.59	525	11.73
574	13.09	365	13.59	537	11.89
590	13.13	383	13.59	566	12.04
604	13.19	6747.206	12.25	574	12.04
614	13.37	228	12.53	613	12.08
639	13.44	253	12.76	6760.203	11.09
650	13.47	272	13.07	224	11.11
654	13.47	298	13.22	259	10.92
6737.594	11.58	314	13.26	278	10.90
614	11.73	339	13.07	285	10.92
620	11.80	387	13.22	303	10.95
640	11.78	415	12.94	326	10.92
649	11.80	436	13.02	360	10.76
656	11.79	6748.201	12.04	381	10.78
6742.202	13.44	247	12.08	393	10.78
214	13.44	279	12.66	402	10.76
6743.195	12.53	307	12.59	430	10.79
216	12.53	346	12.25	449	10.80
246	12.57	391	12.02	467	10.70
269	12.68	435	12.25	477	10.72
6744.202	11.73	464	12.11	492	10.77
212	11.78	6755.237	10.40!	534	10.73
216	11.73	257	10.41	540	10.72
230	11.61	278	10.35	576	10.73
235	11.61	290	10.36	599	10.72
253	11.61	320	10.24	624	10.69

Tag	Gr.	Tag	Gr.	Tag	Gr.
243 6760.642	10ᵐ66	243 6776.395	11ᵐ59	243 6782.229	11ᵐ13
6761.264	10.45	414	11.56	254	11.18
283	10.46	6778.212	10.98	274	11.09
303	10.48	247	10.98	320	11.03
314	10.44	269	10.95	343	10.95
337	10.39	307	11.08	379	10.95
6762.374	10.40	362	11.12	398	10.92
399	10.37	406	11.33	420	10.98
429	10.39	427	11.60	448	11.08
477	10.41	439	11.79	484	11.24
501	10.37	457	11.85	522	11.18
6764.499	11.11	471	11.94	534	11.14
546	11.23	493	11.94	6783.297	9.93
590	11.22	6779.211	11.66	305	9.92
619	11.22	247	11.36	341	9.99
642	11.30	269	11.11	355	9.98
6765.543	11.02	302	11.08	386	9.99
567	11.02	320	11.03	441	9.98
602	11.06	345	10.84	494	9.96
638	11.03	361	10.75	6784.223	10.63
653	11.06	389	10.72	238	10.62
6771.194	12.44	403	10.68	295	10.72
215	12.20	443	10.52	313	10.72
6772.202	13.04	452	10.52	390	10.72
226	13.02	499	10.44	469	10.87
248	12.82	520	10.41	486	10.92
261	12.82	534	10.39	507	10.98
6773.204	10.73	6780.216	10.31	530	11.11
229	10.75	228	10.31	6785.237	12.60
266	10.78	263	10.32	271	12.59
278	10.78	293	10.31	313	12.62
296	10.70	302	10.29	368	12.48
304	10.71	343	10.31	407	12.41:
6774.204	10.78	393	10.31	450	12.37
263	10.72	409	10.31	6786.237	11.94
284	10.70	452	10.35	276	11.84
313	10.70	497	10.44	326	11.94
327	10.70	510	10.52	366	11.99
336	10.68	6781.215	11.31	406	11.88
6775.214	11.73	261	11.40	436	11.84
262	11.92	293	11.35	454	11.78
318	12.16	322	11.40	519	11.78
329	12.25	343	12.02!	552	11.84
366	12.34	361	12.04	6787.231	11.78
6776.218	11.83	384	12.05	270	11.78
262	11.73	427	12.08	308	11.76
281	11.56	454	12.11	341	11.73
295	11.62	489	12.02	415	11.54
311	11.56	526	11.78	445	11.51
350	11.60	539	11.73	468	11.54

Tag	Gr.	Tag	Gr.	Tag	Gr.
243 6788.227	13ᵐ.22	243 6802.265	10ᵐ.41	243 6812.472	10ᵐ.23
258	13.22	6803.217	9.94	524	10.19
283	13.43	255	9.96	538	10.21
302	13.55	308	10.01	6813.226	11.16
311	13.67	6804.227	10.92	288	11.16
339	13.83	278	10.92	388	11.28
380	13.91	328	10.90	456	11.39
423	13.91	6805.224	10.22	519	11.28
479	13.86	289	10.29	549	11.28
517	13.91	331	10.37	6814.239	11.30
536	13.86:	6806.235	11.10	319	10.87
6789.225	12.67	289	11.20	369	10.87
270	12.63	337	11.16	459	10.87
309	12.53	392	11.14	508	10.87
371	12.53	438	11.11	6815.231	10.87
459	12.67	6807.228	11.73	269	10.87
495	12.67	285	11.73	328	10.72
6790.313	11.61	307	11.85	349	10.69
347	11.56	327	11.85	548	10.49
379	11.27	401	11.89	6816.235	11.04
391	11.30	451	11.87	325	10.87
414	11.23	6808.224	11.64	374	10.98
441	11.08	252	11.73	417	11.03
475	11.06	317	11.73	481	11.03
490	11.00	404	11.68	557	10.98
518	11.00	465	11.73	6817.229	11.97
552	10.92	518	11.62	239	11.97
569	10.92	6809.242	11.01	286	11.99
6791.388	10.73	302	11.04	408	12.03
424	10.73	411	11.01	458	12.20
451	10.75	460	11.06	492	12.33:
467	10.87	515	11.05	544	12.39
483	10.84	6810.233	11.92	6818.242	10.29
516	10.82	325	12.25	293	10.44
534	10.84	427	12.93:	367	10.37
6792.450	10.10	500	12.82	453	10.43
500	10.08	538	12.76	524	10.54
536	10.09	578	12.76	542	10.69
580	10.03	6811.233	10.81	6819.524	11.43
629	10.00	294	10.81	6820.419	13.59
6793.494	10.05	371	10.74	476	13.54
539	10.05	411	10.74	546	13.59
576	10.05	458	10.54	6821.458	10.92
591	10.00	476	10.54	544	10.87
6794.538	10.51	503	10.54	671	10.62
620	10.20	552	10.98!	695	10.49
642	10.14	6812.233	9.87	6822.489	10.54
6801.274	10.95	288	9.90	563	10.80
6802.214	10.44	371	9.96	607	10.98
233	10.41	457	10.23	6823.550	11.73

Tag	Gr.	Tag	Gr.	Tag	Gr.
243 6823.602	$11^{\mathrm{m}}.84$:	243 6838.270	$10^{\mathrm{m}}.40$	243 6845.368	$10^{\mathrm{m}}.87$
6824.595	13.22	352	10.44	500	11.14
610	13.22	428	10.42	540	11.23
6831.237	11.25	487	10.42	591	11.40
6832.235	10.36	508	10.42	601	11.54
282	10.29	6839.234	10.29	6846.310	11.98
6833.231	10.01	300	10.34	373	12.25
289	10.06	370	10.36	455	12.66
330	10.12	453	10.33	542	13.30
6834 237	11.88	521	10.35	6847.227	10.87
291	12.04	6840.233	11.73	302	10.95
327	12.06	6841.302	11.37	459	10.72
6835.227	11.27	350	11.39	500	10.75
277	11.30	6842.411	11.78	6848.298	10.64
363	11.35	528	11.44	346	10.54
417	11.48	559	11.40	443	10.62
6836.230	11.68	584	11.36	474	10.54
330	11.73	602	11.37	6849.365	12.00
6837.349	11.14:	609	11.40	412	12.32
474	10.74	6845.243	10.70	475	12.53
6838.248	10.38	324	10.78		

RU Lupi

Tag	Gr.	Tag	Gr.	Tag	Gr.
243 6728.228	$10^{\mathrm{m}}.66$	243 6733.428	$10^{\mathrm{m}}.81$	243 6745.356	$10^{\mathrm{m}}.56$
252	10.56	443	10.81	6746.213	10.56
434	10.54	469	10.75	259	10.56
525	10.58	513	10.60	361	10.67
6729.225	10.47	538	10.66	390	10.68
474	10.47	6734.465	10.67	6747.213	10.90
482	10.45	529	10.71	260	10.93
529	10.40	551	10.71	279	10.93
6730.212	10.47	568	10.75	304	10.99
249	10.52	6735.511	10.96	346	10.99
470	10.68	535	10.96	394	11.05
491	10.75	6736.562	10.93	437	11.05
533	10.84	6742.227	10.60	6748.222	10.93
6731.211	10.75	6743.209	10.60	354	11.05
243	10.81	264	10.59	395	11.05
495	10.84	6744.221	10.65	441	10.99
6732.219	10.75	251	10.62	6755.250	10.62
261	10.68	274	10.62	303	10.62
435	10.84	301	10.62	378	10.67
454	10.75	318	10.75	6756.322	10.58
474	10.81	6745.217	10.62	6758.490	10.87
510	10.81	272	10.59	6759.217	10.87
565	10.87	326	10.62	282	10.93

Tag	Gr.	Tag	Gr.	Tag	Gr.
243 6759.352	10ᵐ.93	243 6781.309	10ᵐ.93	243 6806.293	10ᵐ.81
394	10.93	367	10.96	340	10.78
451	10.93	6782.235	10.78	6807.233	10.90
495	10.93	279	10.81	331	10.90
6760.214	10.93	349	10.81	6808.234	10.65
292	10.93	432	10.87	333	10.56
318	10.87	6783.321	10.96	6809.247	10.75
387	10.90	390	10.93	358	10.75
411	10.93	6784.243	10.84	6810.238	10.50
468	10.93	330	10.87	333	10.57
495	10.93	395	10.99	6811.238	10.81
6761.271	10.90	6785.244	10.72	298	10.81
332	10.87	323	10.78	6812.238	10.62
6762.376	10.93	412	10.81	292	10.62
400	10.96	6786.244	10.72	6813.229	10.81
455	10.96	326	10.78	291	10.81
6771.206	10.75	410	10.81	6814.245	10.87
6772.213	10.70	6787.237	10.71	325	10.75
256	10.78	312	10.60	343	10.75
6773.222	10.75	366	10.62	6815.236	10.81
6774.223	10.81	420	10.72:	273	10.84
328	10.81	6788.239	10.75	331	10.87
6775.222	10.81	344	10.81	6816.241	10.93
269	10.75	6789.231	10.81	329	10.93
372	10.75	314	10.81	6817.244	10.96
6776.226	10.81	393	10.78	331	10.99
357	10.75	6790.327	10.93	6818.241	10.99
402	10.71	399	10.96	297	10.99
6778.231	10.75	6791.392	10.75	6831.245	10.62
395	10.71	6801.237	10.87	6832.243	10.08!
445	10.72	6802.220	10.96	287	10.14
6779.230	10.99	281	10.96	6833.239	10.68
365	10.93	6803.223	10.87	6834.243	10.62
412	10.96	311	10.75	6835.233	10.33
6780.229	11.29	6804.233	10.56	6836.236	10.61
309	10.81	322	10.62	6838.255	10.56
397	10.87	6805.229	10.81	6839.243	10.62
439	10.87:	312	10.84	6840.247	10.52
6781.222	10.96	365	10.75	6845.249	10.75
267	10.93	6806.241	10.87	6847.235	10.71

RY Lupi

Tag	Gr.	Tag	Gr.	Tag	Gr.
243 6725.328	10ᵐ18	243 6744.274	12ᵐ38	243 6773.221	10ᵐ08
494	10.03	300	12.42	6774.222	11.24
6728.212	10.24	317	12.42	327	11.34
268	10.26	6745.216	11.51	6775.221	11.15
433	10.12	272	11.40	268	11.02
525	10.06	325	11.21	372	10.94
6729.220	10.15	355	11.15	6776.225	10.42
305	10.18	6746.212	10.16	356	10.28
359	10.18	258	10.20	401	10.16
467	10.42!	361	10.24	6778.231	11.06
482	10.42	389	10.33	395	10.74
530	10.42	6747.213	10.26	443	10.80
6730.212	10.20	259	10.33	6779.229	10.06
248	10.24	279	10.27	365	10.30
470	10.18	303	10.42	411	10.26
488	10.18	345	10.57	6780.228	10.12
532	10.20	435	10.67	308	10.10
6731.211	10.00	436	10.63	397	10.03
242	10.00	6748.221	12.09	6781.221	10.22
340	10.13	309	12.15	267	10.22
495	10.02	353	12.24	308	10.18
6732.218	10.24	395	12.22	367	10.42
260	10.33	440	12.36	438	10.60
434	10.60	6755.249	10.20	6782.234	10.54
454	10.63	301	10.15	279	10.54
474	10.60	377	10.18	348	10.48
509	10.60	6756.321	12.22	431	10.39
564	10.60	6758.489	11.29	6783.320	10.21
6733.427	11.58	6759.216	10.42	389	10.24
449	11.52	282	10.48	6784.243	10.24
452	11.52	351	10.51	330	10.18
468	11.52	393	10.54	394	10.12
512	11.49	451	10.60	6785.243	10.80
537	11.46	494	10.63	322	10.96
574	11.40	6760.213	12.32	411	10.90
6734.465	10.21	291	12.10	6786.243	10.22
528	10.22	318	12.21	326	10.18
551	10.22	386	12.12	409	10.17
567	10.20	410	12.15	6787.237	10.17
6735.511	10.11	468	11.92	312	10.21
534	10.06	494	11.95	365	10.17
6736.561	11.40	6761.271	10.21	419	10.17
6742.226	10.46	332	10.18	6788.239	10.15
6743.208	10.03	6762.375	10.12	343	10.19
263	10.15	400	10.12	6789.230	11.67
6744.220	12.48	455	10.06	314	11.62
225	12.34	6771.205	10.82	392	11.58
240	12.35	6772.212	10.19	6790.326	10.22
251	12.35	255	10.12	398	10.17

Tag	Gr.	Tag	Gr.	Tag	Gr.
243 6791.391	10ᵐ18	243 6809.246	10ᵐ12	243 6817.243	10ᵐ15
6801.237	10.54	357	10.06	331	10.02
6802.219	10.36	6810.238	10.05	6818.241	10.18
281	10.18	332	10.10	297	10.24
6803.222	10.27	6811.238	10.19	6831.244	10.18
311	10.33	297	10.19	6832.242	10.14
6804.232	11.23	6812.237	10.27	286	10.14
321	11.12	292	10.42	6833.238	10.16
6805.228	10.51	6813.229	10.21	6834.242	10.25
311	10.45	290	10.12	295	10.18
365	10.48	6814.244	10.16	6835.233	10.19
6806.240	10.54	324	10.08	6836.236	10.06
292	10.48	343	10.14	6838.254	10.19
340	10.45	6815.236	10.14	6839.242	10.05
6807.233	10.48	273	10.12	6840.246	10.04
330	10.72	331	10.12	6845.215	10.18
6808.233	10.68	6816.240	10.12	6847.234	10.11
333	10.71	328	10.18		

AK Scorpii

Tag	Gr.	Tag	Gr.	Tag	Gr.
243 6725.223	10ᵐ30	243 6733.574	10ᵐ29	243 6747.345	10ᵐ33
258	10.44	6734.465	10.38	393	10.29
274	10.35	536	10.41	438	10.31
307	10.34	577	10.41	6748.220	10.54
362	10.36	6735.512	10.44	302	10.30
396	10.39	535	10.48	352	10.21
492	10.37	578	10.52	396	10.29
6728.210	10.42	6736.562	10.50	6755.249	10.21
483	10.35	578	10.48	283	10.26
523	10.29	6737.598	10.27	377	10.31
6729.219	10.31	6742.232	10.06	6756.322	10.31
483	10.33	6743.209	10.25	6758.489	10.36
538	10.38	6744.221	10.36	533	10.25
6730.211	10.24	264	10.33	6759.217	10.06
234	10.31	6745.216	10.28	283	10.06
447	10.31	272	10.18	352	10.19
532	10.31	306	10.17	393	10.24
6731.205	10.29	6746.211	10.09	451	10.25
232	10.37	258	10.14	495	10.27
455	10.30	354	10.38	6760.213	10.11
471	10.31	359	10.40	290	10.23
6732.218	10.31	388	10.34	386	10.22
260	10.29	6747.205	10.09	411	10.21
382	10.31	258	10.19	468	10.26
564	10.30	278	10.20	6761.271	10.31
6733.427	10.31	303	10.23	6762.375	10.34

Tag	Gr.	Tag	Gr.	Tag	Gr.
243 6762.400	10$^{m}_{\cdot}$35	243 6785.322	10$^{m}_{\cdot}$36	243 6809.350	10$^{m}_{\cdot}$34
454	10.36	412	10.36	6810.237	10.39
501	10.48	452	10.44	332	10.31
511	10.45	6786.243	10.26	6811.238	10.31
6764.504	10.26	326	10.33	297	10.29
6771.201	10.33	410	10.31	6812.237	10.32
6772.212	10.31	6787.237	10.33	289	10.34
255	10.30	313	10.34	378	10.33
6773.221	10.24	365	10.36	6813.229	10.31
6774.222	10.29	420	10.33	291	10.30
328	10.36	6788.239	10.33	6814.243	10.31
6775.221	10.31	343	10.37	323	10.31
268	10.30	427	10.34	343	10.34
372	10.25	6789.231	10.51	6815.234	10.40
6776.226	10.24	314	10.51	271	10.57
357	10.30	393	10.50	329	10.53
401	10.24	445	10.54	6816.238	10.31
6778.230	10.31	6790.327	10.38	326	10.37
395	10.30	399	10.57	376	10.40
443	10.25	445	10.52	6817.242	10.33
6779.230	10.31	6791.391	10.94!	330	10.34
365	10.33	428	10.94	6818.239	10.31
412	10.31	6801.237	10.38	296	10.31
6780.228	10.34	6802.218	10.37	369	10.31
308	10.29	280	10.33	6831.241	10.34
397	10.26	6803.221	10.41	6832.239	10.69
439	10.26	310	10.38	282	10.74
6781.221	10.33	6804.231	10.50	6833.234	10.49
267	10.29	320	10.47	6834.239	10.39
308	10.31	6805.227	10.48	293	10.47
367	10.30	311	10.52	6835.229	10.38
439	10.29	364	10.52	6836.232	10.34
461	10.36	402	10.57	313	10.36
6782.234	10.31	6806.241	10.89	6837.306	10.43
279	10.31	293	10.92	6838.249	10.43
348	10.28	340	10.94	6839.236	10.33
432	10.31	395	10.88	299	10.36
6783.320	10.30	6807.233	10.67	6840.240	10.42
389	10.29	331	10.57	6841.304	10.34
6784.243	10.38	381	10.50	6842.242	10.31
247	10.33	6808.233	10.32	6843.299	10.31
395	10.31	333	10.38	6845.244	10.33
6785.243	10.41	6809.247	10.26	6847.228	10.21

Bearbeitung von 22 südlichen Veränderlichen Sternen

Summary

On the basis of visual observations obtained by the Author in 1959 during a temporary stay at Boyden Observatory near Bloemfontein, Republic of South Africa, 22 variable stars with rapid light-changes are investigated. The distribution is as follows: Eclipsing stars 7, RR Lyrae stars 12, stars with probably irregular rapid changes 3. Photographic observations reaching partly as far back as 1935 have been used to derive precise elements wherever this was possible.

Einleitung

Während seines Aufenthalts am Boyden Observatory bei Bloemfontein hat der Verfasser als Nebenprogramm eine Reihe raschwechselnder Veränderlicher Sterne beobachtet. Die Ergebnisse werden im folgenden mitgeteilt. Die Tabelle gibt eine Übersicht der Objekte und der Elemente sowie der Anzahl der visuellen Beobachtungen. Als Instrument diente ein azimutal montiertes Spiegelteleskop nach Newton von 300 mm Öffnung mit den Vergrößerungen 50, 78, 122, 196, doch wurden in weitem Maße photographische Beobachtungen herangezogen. Es standen zur Verfügung: die an der astronomischen Station Windhoek aufgenommenen Platten, in den Jahren 1935—36 von den Breslauer Beobachtern Sandig und Skoberla, 1937—38 vom Verfasser und Frau Adelheid Hoffmeister, die Beobachtungen aus Südwestafrika 1952—53, ebenfalls vom Verfasser und seiner Frau, und die Plattenreihen vom Boyden Observatory 1959, vom Verfasser aufgenommen.

Ein * bezeichnet relativ sichere Epochen.

Stern	1875.0		Art	Epoche 24.....	Periode	Größen	
S 5343 Scl	$1^h12^m35^s$	$-39°52'.3$	RRa	M 27809.381	0.5109147	$10^m.4$	$11^m.4$
S 4969 Cen	13 21 8	−32 5.2	A	m 28330.346	0.7649654	11.6	12.4
S 4997 Cir	14 33 17	−66 10.1	A	m 28334.225	2.0660680	10.7	11.9
S 5001 Lup	14 51 42	−42 28.8	β	m 27987.310	0.4700903	9.7	10.5
S 5351 TrA	15 38 3	−63 55.6	A	m 28281.601	2.1417565	11.4	13.5
S 5353 Nor	16 0 33	−54 2.9	Irr	—	—	10.7	11.0
S 5033 Aps	17 18 5	−76 7.4	RRb	M 27990.449	0.5797269	12.6	13.2
S 5035 Aps	17 38 4	−69 17.0	RRa	M 27933.542	0.4717993	11.5	12.8
V 339 Ara	17 40 18	−49 26.5	A	m 28698.385	2.438853	10.2	10.8
S 5043 Aps	17 54 7	−69 25.2	A	—	—	11.0	11.4
S 5367 Pav	18 15 37	−60 36.8	Irr	—	—	10.8	11.1
S 5070 Pav	19 21 22	−57 36.3	RRb	M 28281.644	0.6369068	13.7	14.3
HH Tel	19 24 16	−45 55.8	RRb	M 28372.473	0.4820801	11.6	12.6
S 5075 Tel	19 27 16	−53 14.5	RRa	M 28006.390	0.6003494	12.2	13.2
GZ Tel	19 27 18	−51 3.7	RRa	M 34236.446	0.4553469	12.1	13.4
S 5079 Tel	19 28 38	−52 54.6	As	—	—	10.7	11.2
S 5375 Ind	20 24 22	−55 53.9	β	m 36786.293	0.57686	11.7	12.2
331.1933 Gru	21 20 18	−37 42.0	RRa	M 28336.628	0.4896194	11.8	13.2
S 5379 Gru	22 2 48	−44 18.2	RRa	M 28016.550	0.4760338	13.3	14.6
S 5139 Gru	22 9 19	−51 12.0	RRa	M 27992.554	0.7024718	12.6	13.8
S 5156 Oct	23 3 29	−75 15.7	RRa	M 36840.420	0.39362	12.2	13.5
S 5157 Gru	23 7 1	−51 20.0	RR	M 27992.643	0.5079836	12.4	13.5

Synonyma

V 339 Ara = S 5037
HH Tel = S 5072
GZ Tel = S 5076

Entdeckungsnachweise

Erg. AN 12 Nr. 1, 1949
AN 285.151, 1959

S 5343 Scl RR Lyrae-Stern; $10^m\!.4-11^m\!.4$

$M = 242\,7809.381 + 0.5109147 \cdot E$

$M - m = 0.065$ Typus RRa

Max.	E	B–R	Max.	E	B–R
242 7809.381* pg	0	0.000	243 4361.392 pg	12824	+0.041
8046.457 pg	464	+0.012	4364.392 pg	12830	−0.025
8047.470* pg	466	+0.003	4537.651 pg	13169	+0.034
8048.481 pg	468	−0.008	4538.637* pg	13171	−0.002
8074.520* pg	519	−0.026	6735.587 vis	17471	+0.015
8378.584 pg	1114	+0.044	6736.598* vis	17473	+0.004
8401.514* pg	1159	−0.017	6737.618 vis	17475	+0.003
8402.567 pg	1161	+0.014	6758.562 vis	17516	−0.001
8405.616 pg	1167	−0.002	6759.581* vis	17518	−0.004
8422.463 pg	1200	−0.016	6760.608 vis	17520	+0.001
8425.567 pg	1206	+0.023	6776.449 vis	17551	+0.004
8427.588 pg	1210	0.000	6778.488 vis	17555	−0.001
8487.406 pg	1327	+0.041	6779.506* vis	17557	−0.004
8488.410 pg	1329	+0.023	6780.525 vis	17559	−0.007
8489.396* pg	1331	−0.012	6781.550 vis	17561	−0.004
8730.556* pg	1803	−0.004	6782.570 vis	17563	−0.006
8776.515 pg	1893	−0.028	6817.319* vis	17631	+0.001
8815.414 pg	1969	+0.042	6818.339* vis	17633	−0.001
8839.376 pg	2016	−0.009	6840.308 vis	17676	−0.001
243 4250.460 pg	12607	−0.023	6841.332 vis	17678	+0.001
4252.537 pg	12611	+0.011	6845.422 vis	17686	+0.004
4271.442 pg	12648	+0.012	6846.443* vis	17688	+0.003
4274.485 pg	12654	−0.011	6847.461 vis	17690	−0.008
4336.292 pg	12775	−0.024	6848.476 vis	17692	−0.001

Die Lichtkurve zeigt nur geringe Streuungen, außer im absteigenden Ast, was als reell anzusehen ist.

S 4969 Cen Algolstern; $11^m\!.6-12^m\!.4$

$m = 242\,8330.346 + 0.7649654 \cdot E$

$D = 0.10 \quad d = 0.00$

Min.	E	B–R
242 8330.326 pg	0	−0.020
243 4419.478 pg	7960	+0.007
4560.257 pg	8144	+0.033
4563.304 pg	8148	+0.020
6760.265 vis	11020	0.000
6773.267 vis	11037	−0.002
6776.325 vis	11041	−0.004
6786.274 vis	11054	0.000

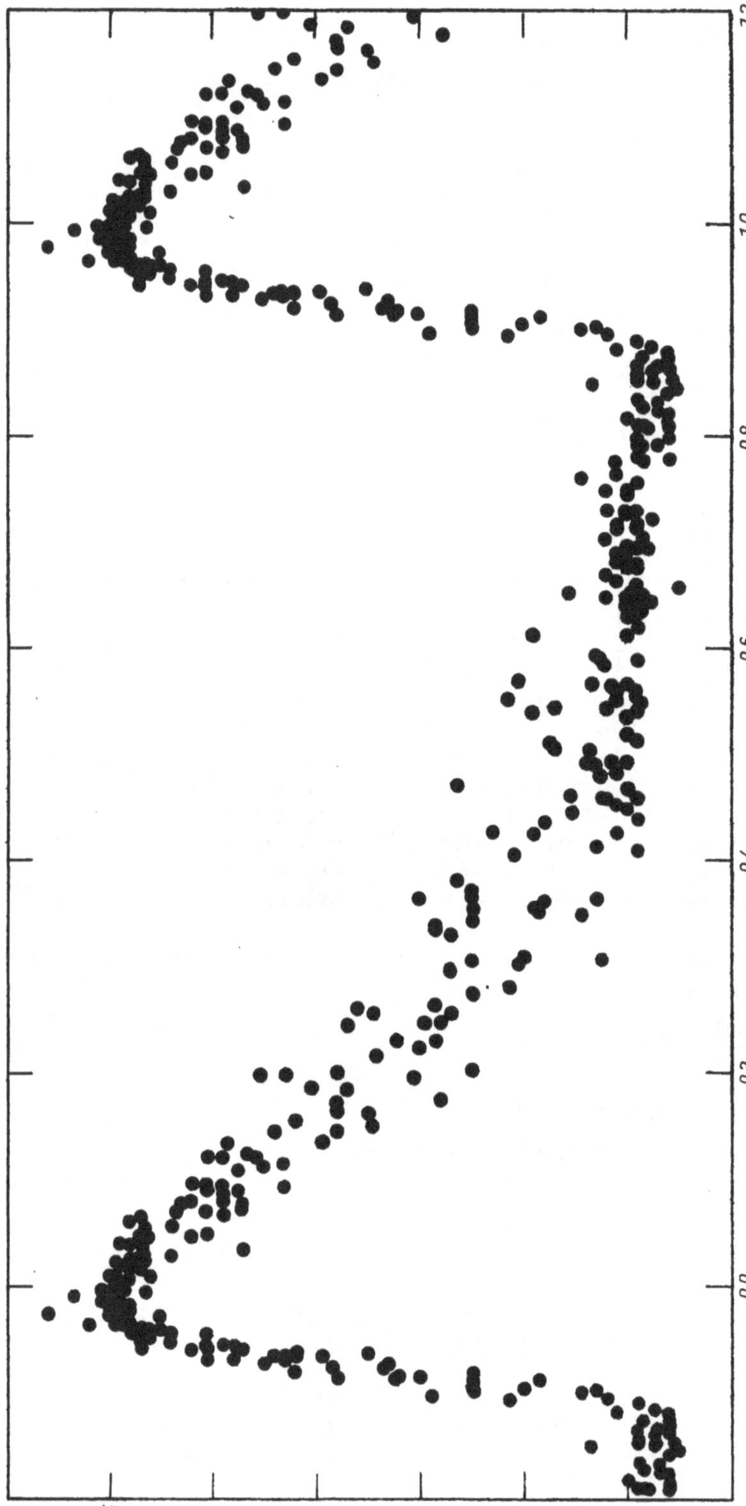

S 5343 Scl

Abb. 1

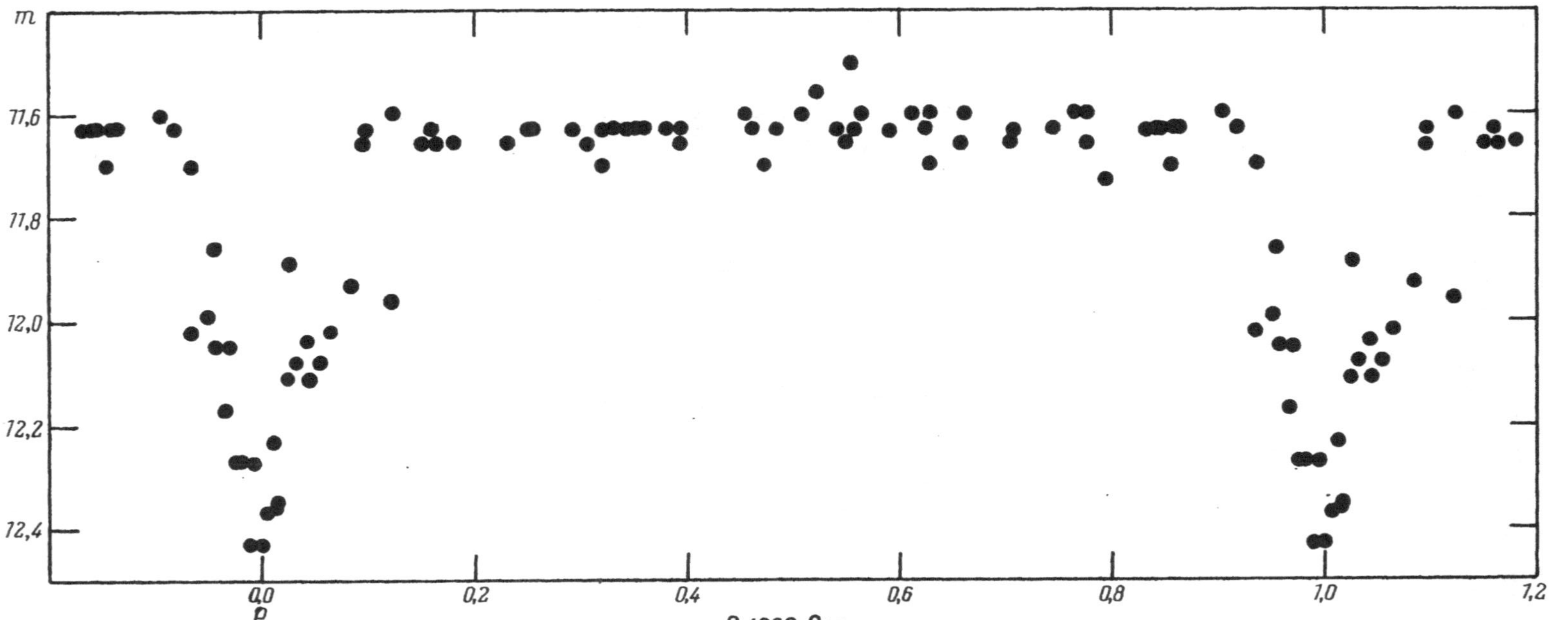

S 4969 Cen

Abb. 2

S 4997 Cir Algolstern; $10^{m}.7-11^{m}.9$

$m = 242\,8334.225 + 2.0660680 \cdot E$

$D = 0.27 \quad d = 0.00$

Min.		E	B—R
242 8334.296	pg	0	+0.071
8338.349	pg	2	—0.008
8367.322	pg	16	+0.040
8369.311	pg	17	—0.037
8712.285	pg	183	—0.030
8743.280	pg	198	—0.026
8745.321	pg	199	—0.052
8910.612	pg	279	—0.046
243 4249.359*	pg	2863	—0.019
4530.327*	pg	2999	—0.036
4534.470	pg	3001	—0.025
4565.433	pg	3016	—0.053
6778.250*	vis	4087	+0.005
6780.314*	vis	4088	+0.003
6782.368*	vis	4089	—0.009
6784.436	vis	4090	—0.007
6786.485	vis	4091	—0.024
6807.183:	vis	4101	+0.013
6809.237	vis	4102	+0.001
6811.298	vis	4103	—0.004
6813.362	vis	4104	—0.006
6840.227:	vis	4117	0.000

Die bei den photographischen Einzelbeobachtungen vorkommenden etwas hohen Werte von $B-R$ erklären sich aus der Breite des Minimums.

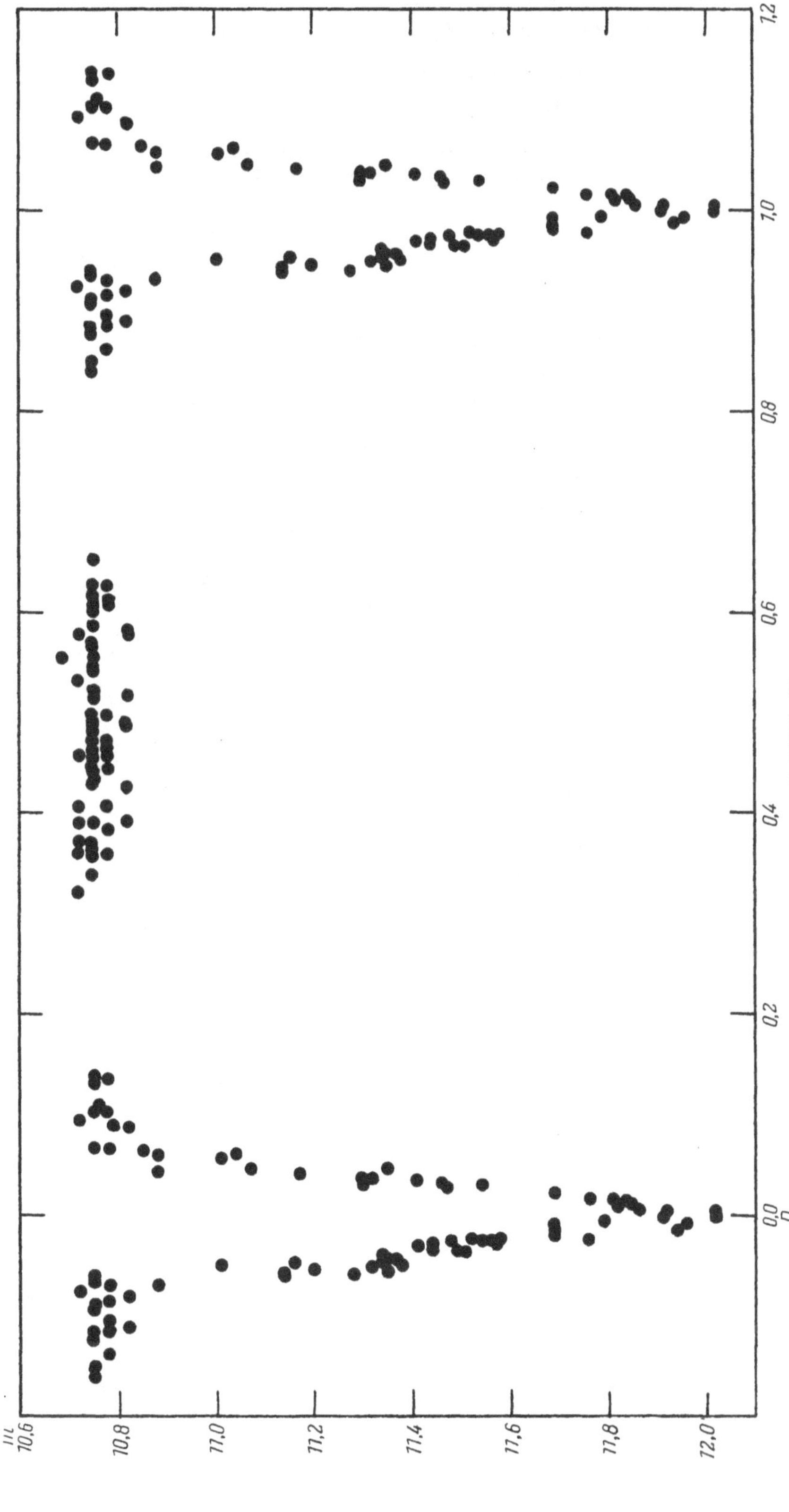

S 4997 Cir

Abb. 3

S 5001 Lup β Lyrae-Stern; $9^{m}.7-10^{m}.5$

$m_1 = 242\,7987.310 + 0.4700903 \cdot E$

$A_1 = 0^{m}.8 \quad A_2 = 0^{m}.3$

Min.		E	B−R
242 7987.356	pg	0	+0.046
8275.470	pg	613	−0.005
8357.273*	pg	787	+0.002
8719.246	pg	1557	+0.005
8742.247	pg	1606	−0.028
8756.363	pg	1636	−0.015
243 4234.312	pg	13289	−0.028
4243.270*	pg	13308	−0.002
4249.359	pg	13321	−0.024
4419.577	pg	13683	+0.021
4420.525	pg	13685	+0.029
4508.418	pg	13872	+0.015
4515.429	pg	13887	+0.025
4540.384	pg	13940	+0.015
4565.300	pg	13993	+0.016
4573.262	pg	14010	−0.013
6731.460*	vis	18601	0.000
6732.396*	vis	18603	−0.004
6743.227	vis	18626	+0.015
6747.450	vis	18635	+0.007
6779.415	vis	18703	+0.006
6788.333	vis	18722	−0.008
6789.272	vis	18724	−0.009
6804.315	vis	18756	−0.009
6805.270:	vis	18758	+0.006
6812.329	vis	18773	+0.014
6813.240	vis	18775	−0.015

Die Streuung der Beobachtungen ist in allen Teilen der Lichtkurve ungewöhnlich groß und deutet auf überlagerte Unregelmäßigkeiten hin.

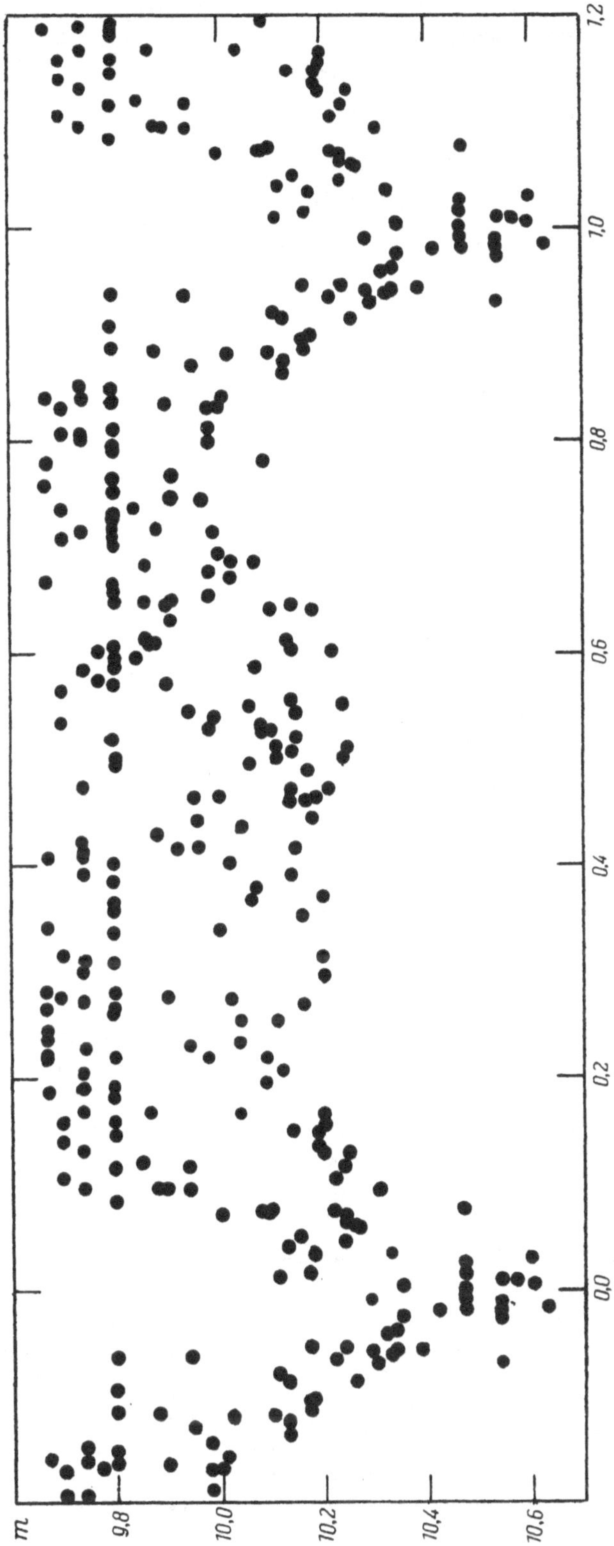

S 5001 Lup
Abb. 4

S 5351 TrA Algolstern; $11\overset{\text{m}}{.}4$—$13\overset{\text{m}}{.}5$

$$m = 242\,8281.601 + 2.1417565 \cdot E$$

$$D = 0.27 \qquad d = 0.00$$

Min.		E	B–R
242 5797.29:	pg	–1160	+0.13:
8281.563	pg	0	–0.038
8367.322	pg	40	+0.051
8656.366	pg	175	–0.042
8686.405*	pg	189	+0.012
8716.425	pg	203	+0.047
8746.295	pg	217	–0.067
8776.298	pg	231	–0.049
8930.608	pg	303	+0.055
243 4276.311	pg	2799	–0.066
4490.505	pg	2899	–0.048
4516.296*	pg	2911	+0.042
4518.477	pg	2912	+0.082
4533.423	pg	2919	+0.045
4563.350*	pg	2933	–0.023
6782.228	vis	3969	–0.005
6784.375*	vis	3970	+0.001
6786.505	vis	3971	–0.011
6812.224	vis	3983	+0.007
6814.359	vis	3984	0.000

S 5353 Nor Raschwechselnd unregelmäßig; $10\overset{\text{m}}{.}7$—$11\overset{\text{m}}{.}0$

Für den als kurzperiodisch angezeigten Stern liegen dichte visuelle Reihen vor; insgesamt 338 Beobachtungen in 80 Nächten von 243 6734 bis 6842, maximal 17 Beobachtungen in einer Nacht. Die Amplitude ist klein. Der Verdacht auf Bedeckungslichtwechsel wurde dadurch gestützt, daß an mehreren aufeinanderfolgenden Tagen am Anfang der Reihe Minima zu nahe derselben Tageszeit beobachtet sind, was auf $n \cdot P - 1^{\text{d}}$ hinwies. Indessen konnte diese Deutung nicht bestätigt werden, da andere Teilreihen ihr entschieden widersprechen. So ist bei 242 6734.525 ein flaches Maximum durch 11 Beobachtungen, dagegen genau 24^{h} später ein Minimum durch 7 Beobachtungen belegt, womit eine Wiederholung gleicher Phasen nach 24^{h} ausgeschlossen wird. Auch an anderen Stellen zeigen sich solche Widersprüche. Der Veränderliche ist daher wahrscheinlich den raschwechselnd-unregelmäßigen Sternen zuzuzählen, deren Eigenschaften ich, ebenfalls auf Grund dichter visueller Reihen, an den Beispielen S 4799, S 4800, S 4801, alle in Phoenix, aufgezeigt habe (Veröffentl. Stw. Sonneberg 3.348, 1958). Auch unter den Sternen des nördlichen Felderplanes finden sich Beispiele ähnlicher Art. Das Histogramm der Verteilung der Beobachtungen wäre ebensogut mit Bedeckungslichtwechsel vereinbar.

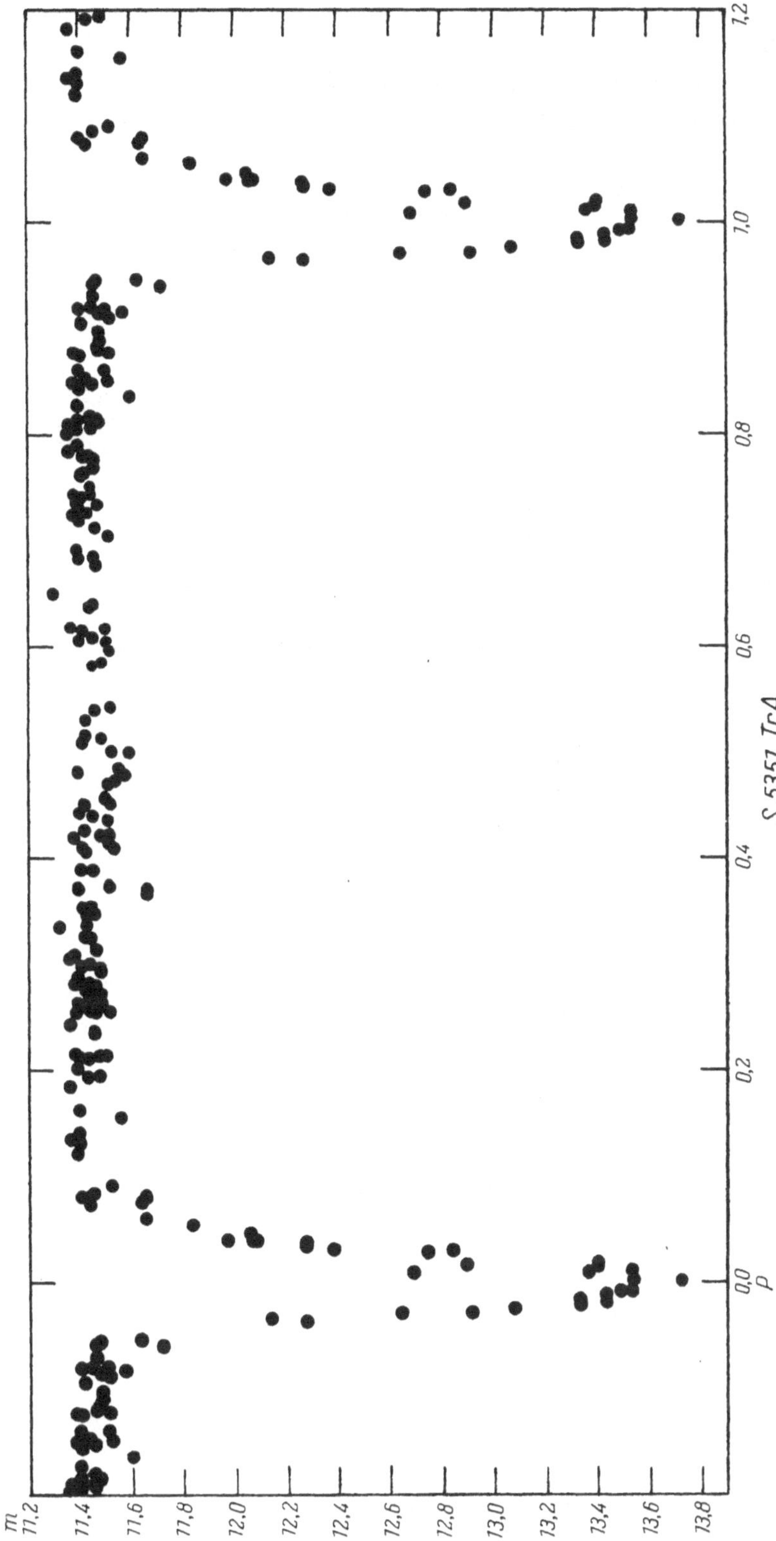

S 5351 TrA

Abb. 5

S 5033 Aps RR Lyrae-Stern; $12^m.6-13^m.2$

$$M = 242\,7990.449 + 0.5797269 \cdot E$$

$$M - m = 0.155 \quad \text{Typus RRb}$$

Max.		E	$B-R$
242 7990.426	pg	0	−0.023
8032.276	pg	72	+0.087
8364.565	pg	645	+0.192
8389.323*	pg	688	+0.022
8688.501	pg	1204	+0.061
8692.491*	pg	1211	−0.007
8696.568	pg	1218	+0.012
8699.572	pg	1223	+0.117
8717.505	pg	1254	+0.078
8720.337	pg	1259	+0.012
8772.367:	pg	1349	−0.134
8775.411*	pg	1354	+0.012
8778.341*	pg	1359	+0.043
8781.352	pg	1364	+0.156
243 4235.352	pg	10772	+0.085
4236.357	pg	10774	−0.070
4239.367	pg	10779	+0.042
4243.316	pg	10786	−0.067
4268.299*	pg	10829	−0.013
4297.284	pg	10879	−0.014
4375.594*	pg	11014	+0.033
4401.601	pg	11059	−0.048
4480.469*	pg	11195	−0.023
4512.477	pg	11250	+0.100
4513.460	pg	11252	−0.076
4538.422	pg	11295	−0.042
4541.339	pg	11300	−0.024
4546.510	pg	11309	−0.071
4567.426	pg	11345	−0.025
6810.420	vis	15214	+0.006
6811.565	vis	15216	−0.009
6812.215	vis	15217	+0.062
6814.493	vis	15221	+0.021
6816.240	vis	15224	+0.029
6817.365	vis	15226	−0.006
6818.515*	vis	15228	−0.015
6822.595	vis	15235	+0.007
6835.340	vis	15257	−0.002
6847.495	vis	15278	−0.022

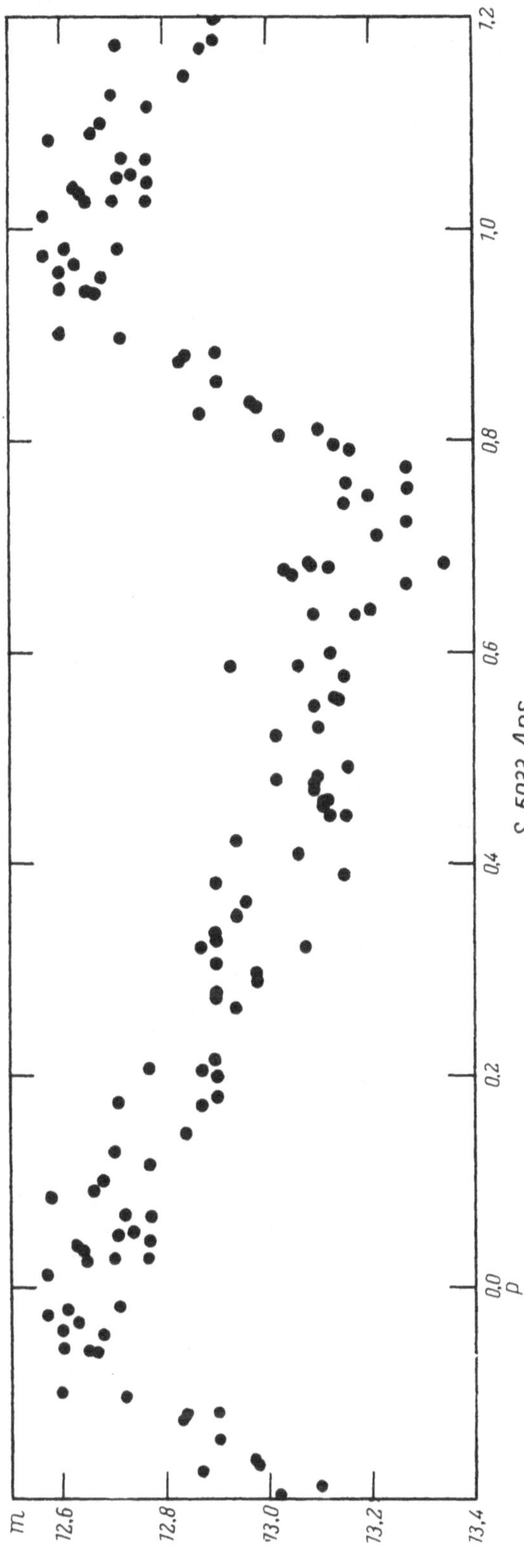

S 5033 Aps

Abb. 6

S 5035 Aps RR Lyrae-Stern; $11^m.5-12^m.8$

$$M = 242\,7933.542 + 0.4717993 \cdot E$$

$$M - m = 0.048 \quad \text{Typus RRa}$$

Max.		E	B–R
242 7933.587	pg	0	+0.045
8283.619:	pg	742	+0.002
8336.492*	pg	854	+0.033
8361.435	pg	907	–0.029
8389.324	pg	966	+0.024
8397.309	pg	983	–0.012
8669.555	pg	1560	+0.006
8689.375:	pg	1602	+0.011
8692.664	pg	1609	–0.003
8702.561	pg	1630	–0.014
8722.380*	pg	1672	–0.010
8755.418	pg	1742	+0.002
8781.352	pg	1797	–0.013
243 4235.352	pg	13357	–0.013
4267.495	pg	13425	+0.047
4305.286	pg	13505	+0.094
4481.621*	pg	13879	–0.023
4491.602	pg	13900	+0.050
4507.567*	pg	13934	–0.026
4516.554*	pg	13953	–0.004
4549.616	pg	14023	+0.032
4561.355	pg	14048	–0.024
4566.563	pg	14059	–0.005
6804.325	vis	18802	+0.013
6805.270	vis	18804	+0.014
6808.548	vis	18811	–0.011
6809.489	vis	18813	–0.013
6810.427	vis	18815	–0.019
6811.387	vis	18817	–0.002
6812.338	vis	18819	+0.008
6813.281*	vis	18821	+0.004
6818.455	vis	18832	–0.011
6836.385	vis	18870	–0.010
6837.338	vis	18872	0.000
6838.277	vis	18874	–0.005
6839.250:	vis	18876	+0.024
6840.225:	vis	18878	+0.056
6845.354	vis	18889	–0.005
6846.322	vis	18891	+0.019
6847.255	vis	18893	+0.009

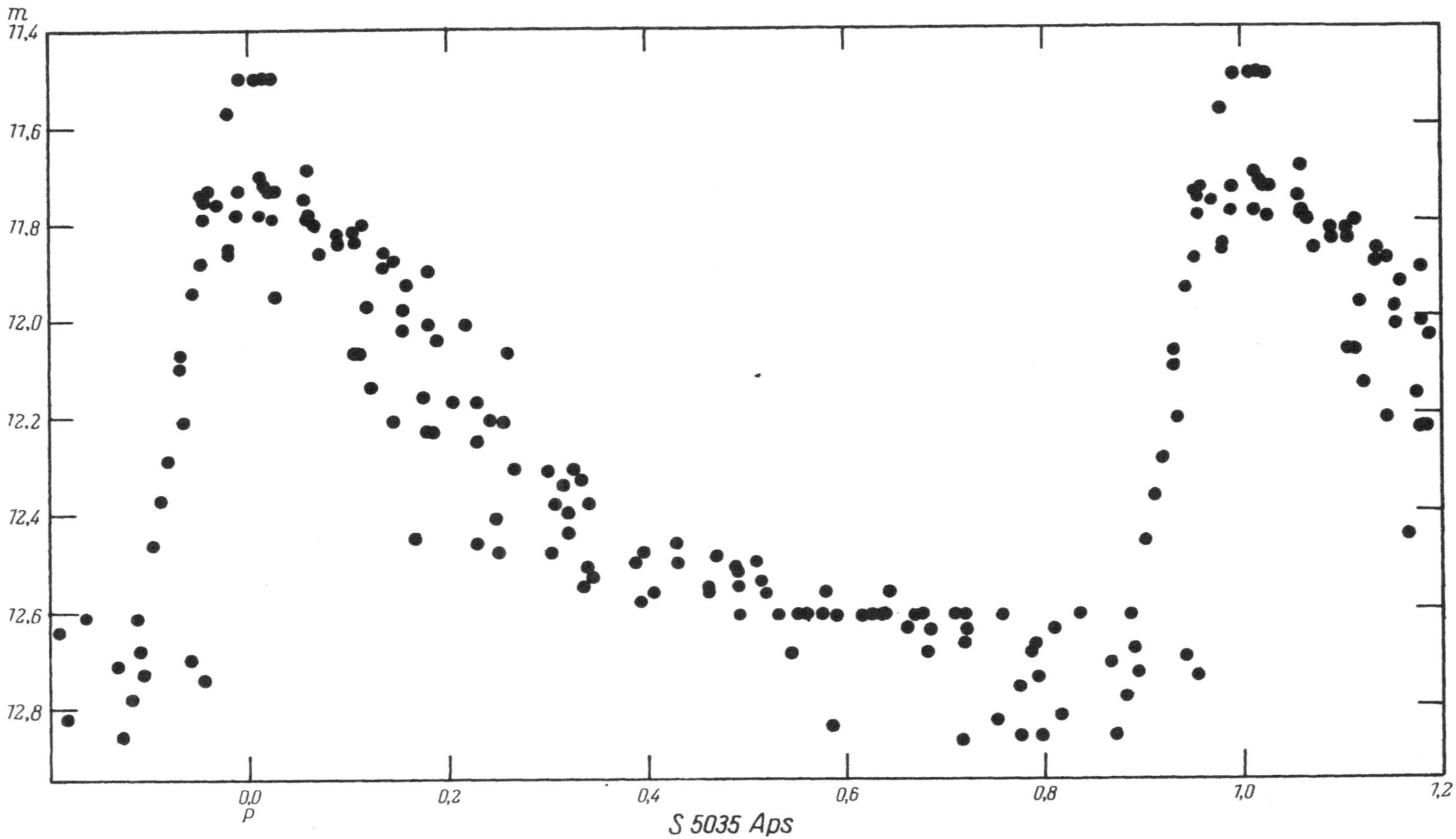

Abb. 7

V 339 Ara Algolstern; $10^m_.2-10^m_.8$

$m = 242\,8698.385 + 2.438853 \cdot E$

$D = 0.27 \quad d = 0.00$

Min.		E	$B-R$
242 8698.445	pg	0	−0.060
8720.340	pg	9	+0.005
8742.293	pg	18	+0.009
8781.266	pg	34	−0.040
243 4239.412	pg	2272	−0.047
4517.502*	pg	2386	+0.014
4539.380*	pg	2395	−0.058
4561.311:	pg	2404	−0.077
6805.165	vis	3324	+0.033
6812.470:	vis	3327	+0.021
6817.300	vis	3329	−0.027
6839.285	vis	3338	+0.009

Die photographischen Beobachtungen sind durch einen Nachbarstern erschwert.

S 5043 Aps Algolstern; $11^m_.0-11^m_.4$

Die 109 visuellen Beobachtungen an 38 Tagen 1959 Aug. 22 bis Okt. 7 ergaben nur 1 Minimum 243 6815.505, das durch 5 Beobachtungen auf dem absteigenden Ast belegt ist.

6815.250	$11^m_.12$
6815.325	11.06
6815.460	11.31
6815.477	11.33
6815.505	11.43

Die photographischen Beobachtungen sind für eine Auswertung zu unsicher wegen der kleinen Amplitude.

S 5367 Pav Unregelmäßig; $10^m_.8-11^m_.1$

Die 170 visuellen Beobachtungen von Juni 10 bis Okt. 7, 1959, ergeben nur geringen Lichtwechsel. Die einzelnen Nachtreihen vermögen nichts auszusagen über den Typus, zeigen jedoch, daß der Stern nicht eigentlich raschwechselnd ist. Im Gesamtverhalten zeigt er Ähnlichkeit mit 5353 Nor und ist wahrscheinlich der dort beschriebenen Gruppe schwieriger Fälle zuzuordnen.

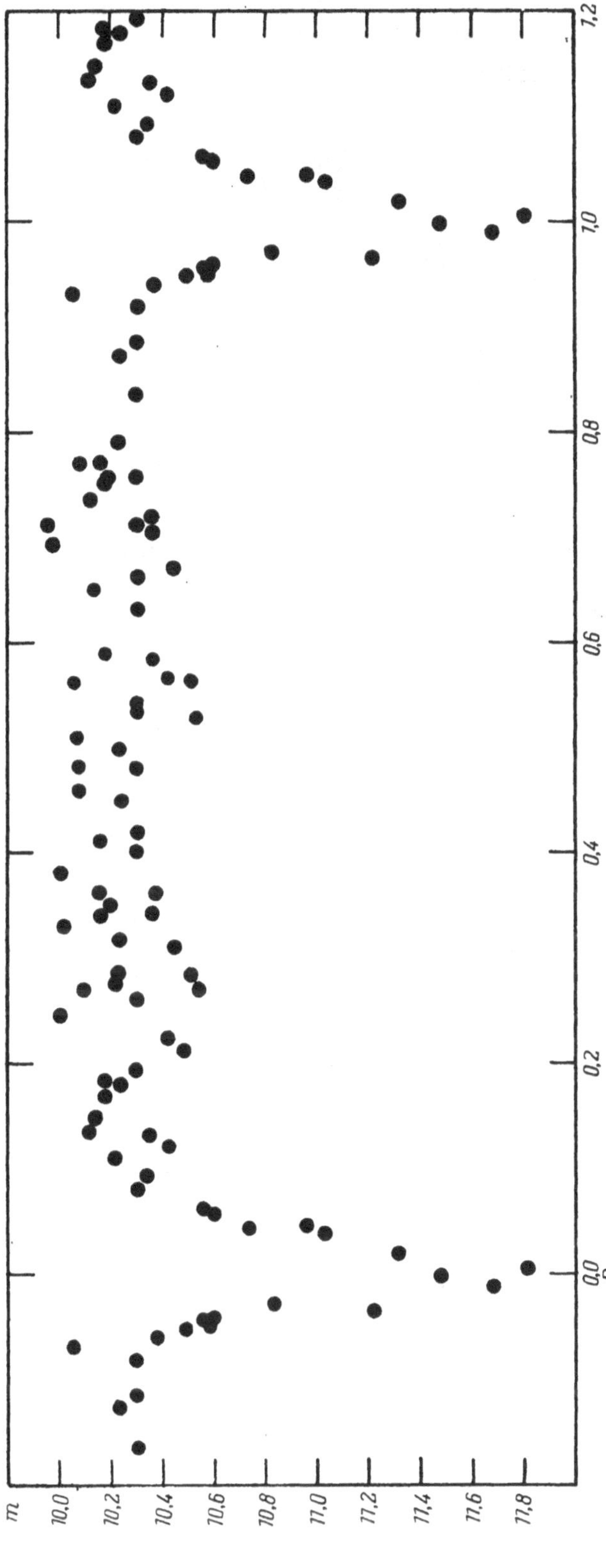

V 339 Ara
Abb. 8

S 5070 Pav RR Lyrae-Stern; $13^{m}.7-14^{m}.3$

$M = 242\,8281.644 + 0.6369068 \cdot E$

$M - m = 0.145$ Typus RRb

Max.		E	B−R
242 8281.656	pg	0	+0.012
8334.520*	pg	83	+0.013
8336.520:	pg	86	+0.102
8364.436*	pg	130	−0.006
8366.434	pg	133	+0.081
8389.356	pg	169	+0.075
8394.362	pg	177	−0.015
8667.574*	pg	606	−0.036
8697.488	pg	653	−0.056
8699.487	pg	656	+0.032
8704.626:	pg	664	+0.076
8720.497	pg	689	+0.024
8727.437*	pg	700	−0.042
8773.339*	pg	772	+0.003
8780.310	pg	783	−0.032
8801.309	pg	816	−0.051
243 4247.488	pg	9367	−0.062
4295.336	pg	9442	+0.018
4482.574	pg	9736	+0.005
4522.654*	pg	9799	−0.040
4540.471	pg	9827	−0.056
4542.450	pg	9830	+0.012
6810.480	vis	13391	+0.017
6812.380	vis	13394	+0.006
6817.460	vis	13402	−0.009
6835.320	vis	13430	+0.018
6847.400	vis	13449	−0.004

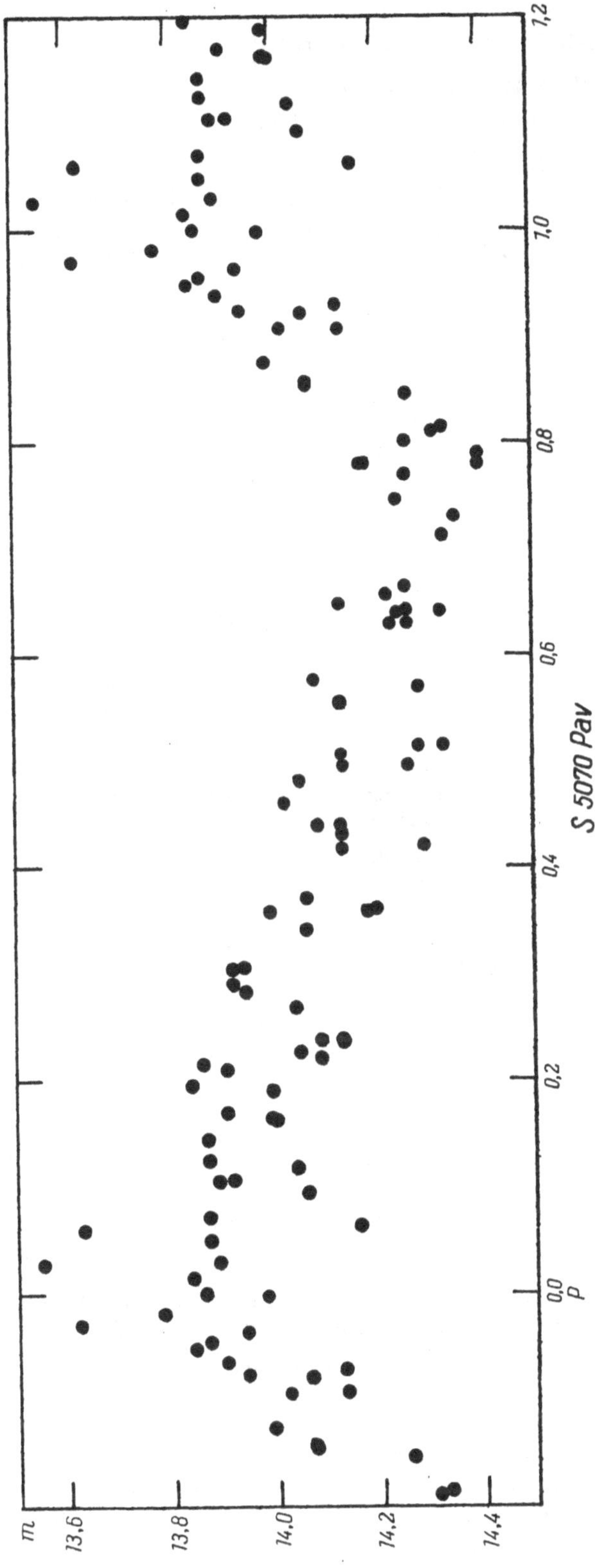

S 5070 Pav

Abb. 9

HH Tel RR Lyrae-Stern; $11^m.6-12^m.6$

$M = 242\,8372.473 + 0.4820801 \cdot E$

$M - m = 0.095$ Typus RRb

Max.	E	$B-R$
242 8372.461 pg	0	−0.012
8389.356* pg	35	+0.010
8390.412 pg	37	+0.102
8402.369* pg	62	+0.007
8416.327* pg	91	−0.015
8418.320 pg	95	+0.049
8419.290* pg	97	+0.055
8691.535 pg	662	−0.075
8693.493* pg	666	−0.045
8750.382 pg	784	−0.042
8752.341 pg	788	−0.011
8778.300 pg	842	−0.084
8779.282 pg	844	−0.067
8835.268* pg	960	−0.002
243 4237.437* pg	12166	−0.022
4238.370 pg	12168	−0.054
4514.609 pg	12741	−0.047
4517.543* pg	12747	−0.005
4533.465 pg	12780	+0.008
4534.471 pg	12782	+0.050
4536.380 pg	12784	−0.005
4544.517 pg	12803	−0.028
4545.490* pg	12805	−0.019
4546.464* pg	12807	−0.009
4561.402* pg	12838	−0.015
4571.479 pg	12859	−0.062
4572.480 pg	12861	−0.025
5688.016* vis	15175	−0.026
6835.385 vis	17555	−0.004
6836.360* vis	17557	+0.007
6837.332* vis	17559	+0.015
6838.283 vis	17561	+0.001
6839.263 vis	17563	+0.017
6848.400: vis	17582	−0.005
6849.358: vis	17584	−0.011

Der Stern wurde in der Entdeckungsanzeige als möglicherweise U Gem-ähnlich bezeichnet. W. Wenzel glaubte später (MVS 218) RW Aur-Art annehmen zu müssen, erkannte aber dann (MVS 374) den RR Lyrae-Typus auf Grund visueller Beobachtungen von A. F. Jones, Timaru, Neuseeland. Die falsche Beurteilung ist dadurch begründet, daß damals nur 1 Beobachtung je Nacht vorlag, daß die Amplitude relativ groß, das Maximum flach und $2\,P$ nahe $= 1^d$ ist. Die von Wenzel bemerkte Veränderlichkeit der Lichtkurve ist auch in meinen wenigen visuellen Beobachtungen angedeutet. Das Überwiegen der negativen $B-R$ im mittleren

Teil der Beobachtungsreihe könnte auf eine geringe Veränderlichkeit der Periode hinweisen, ist aber in Anbetracht der Unschärfe der Maxima wohl ohne Bedeutung. Eine kleine Korrektion an der Ausgangsepoche, die den Effekt mildern würde, wurde unterlassen wegen der guten Darstellung am Anfang und am Ende der Reihe. Die Epoche 15175 ist das Ausgangsmaximum von Wenzels Elementen. Die von ihm bestimmte Periode 0.482085 erfährt nur eine geringe Verkürzung.

S 5075 Tel RR Lyrae-Stern; $12^{\mathrm{m}}.2-13^{\mathrm{m}}.2$

$$M = 242\ 8006.390 + 0.6003494 \cdot E$$

$M - m = 0.090$ Typus RRa

Max.	E	$B-R$	Max.	E	$B-R$
242 8006.409 pg	0	+0.019	243 4242.362 pg	10387	+0.143
8336.520 pg	550	−0.062	4243.404* pg	10389	−0.016
8389.356 pg	638	−0.057	4335.289 pg	10542	+0.016
8418.308 pg	686	+0.078	4483.530* pg	10789	−0.030
8662.613 pg	1093	+0.041	4507.566* pg	10829	−0.008
8671.593 pg	1108	+0.016	4510.607 pg	10834	+0.032
8688.459 pg	1136	+0.072	4513.514 pg	10839	−0.063
8692.577* pg	1143	−0.012	4516.605 pg	10844	+0.026
8697.486 pg	1151	+0.094	4518.478* pg	10847	+0.098
8704.626 pg	1163	+0.030	4519.509* pg	10849	−0.072
8715.378* pg	1181	−0.025	4522.654 pg	10854	+0.072
8718.457 pg	1186	+0.053	4536.380* pg	10877	−0.010
8721.381* pg	1191	−0.025	4537.547 pg	10879	−0.044
8727.382 pg	1201	−0.028	4542.423 pg	10887	+0.029
8745.367 pg	1231	−0.053	4545.512 pg	10892	+0.116
8777.288 pg	1284	+0.049	4568.342 pg	10930	+0.133
8780.311 pg	1289	+0.071	4569.431 pg	10932	+0.021
8801.309 pg	1324	+0.056	6815.310: vis	14673	−0.007
8807.263 pg	1334	+0.007	6816.513: vis	14675	−0.004
8813.287 pg	1344	+0.027	6818.318 vis	14678	0.000
243 4233.315 pg	10372	+0.101	6833.312 vis	14703	−0.015
4236.265* pg	10377	+0.049	6836.355 vis	14708	+0.026
4237.437* pg	10379	+0.021	6839.330* vis	14713	−0.001
4239.302* pg	10382	+0.085	6845.335 vis	14723	+0.001
4240.400* pg	10384	−0.018	6848.321 vis	14728	−0.015

Wie aus dem Bild der Lichtkurve ersichtlich, sind die Maxima ziemlich flach; der Stern verbleibt während etwa $0^{\mathrm{d}}.1$ in der Nähe des größten Lichtes.

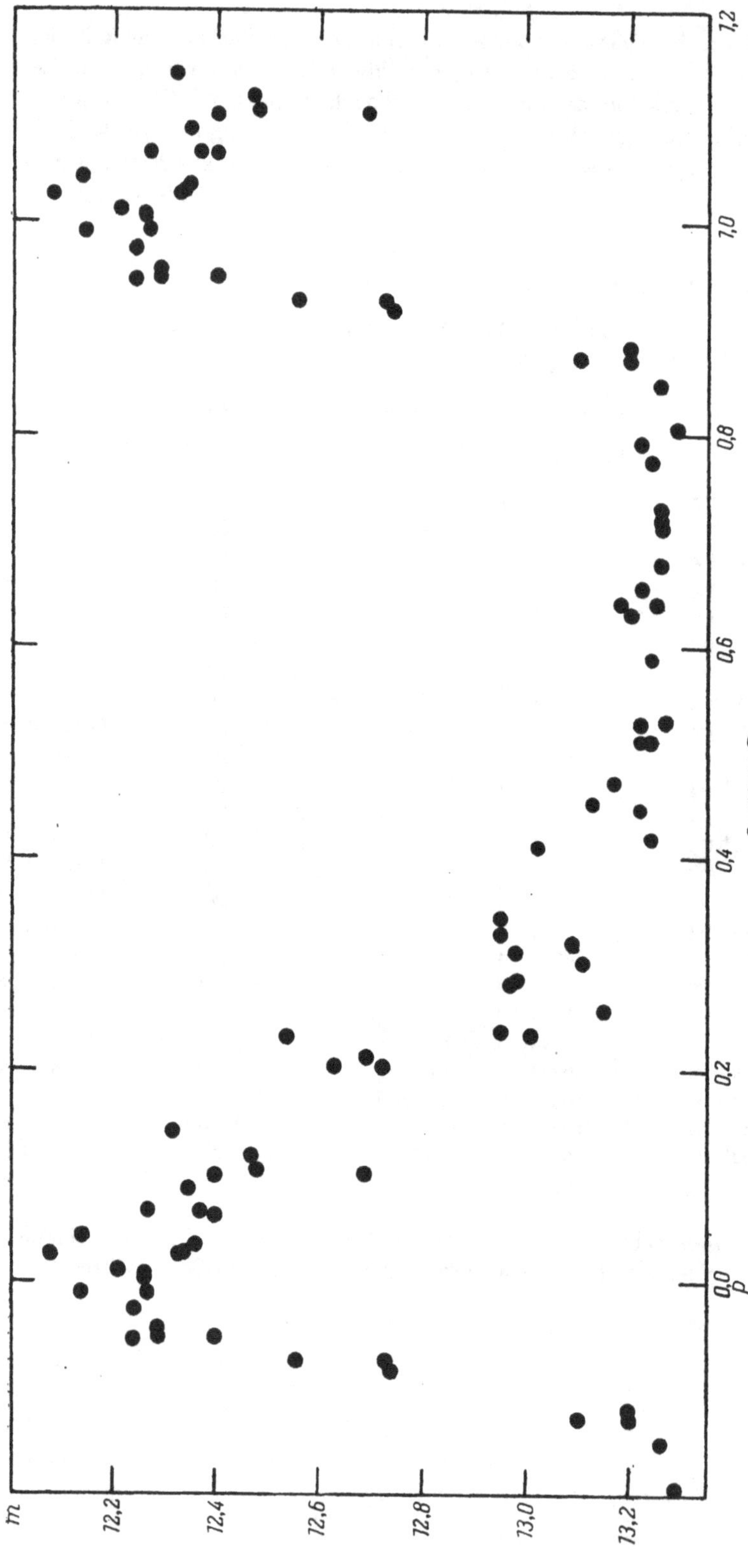

S 5075 Pav

Abb. 10

GZ Tel RR Lyrae-Stern; $12^m_.1-13^m_.4$

Für diesen Stern hatte ich früher die Elemente bestimmt:

$$M = 243\,4236.440 + 0.455364 \cdot E$$

aus visuellen Beobachtungen in den Jahren 1952 und 1953 (Veröffentl. Stw. Sonneberg 3.60, MVS 186). Die Neubearbeitung auf Grund visueller Beobachtungen 1959 und unter Einbeziehung der älteren photographischen Beobachtungen von 1935 bis 1937 hatte folgende Ergebnisse

$$M = 243\,4236.446 + 0.4553469 \cdot E$$
$$M - m = 0.045 \quad \text{Typus RRa}$$

Max.	E	$B-R$
242 7990.499 pg	−13717	+0.043
8006.409 pg	13682	+0.016
8336.520* pg	12957	0.000
8389.356* pg	12841	+0.016
8394.362 pg	12830	+0.012
8667.574 pg	12230	+0.017
8692.578* pg	12175	−0.023
8693.493* pg	12173	−0.019
8715.378 pg	12125	+0.010
8777.288 pg	11989	−0.007
8782.304 pg	11978	0.000
8833.264 pg	11866	−0.039
8839.268 pg	−11853	+0.045
243 6815.535: vis	+ 5664	+0.001
6817.362* vis	5668	+0.006
6818.290 vis	5670	+0.024
6821.458 vis	5677	+0.004
6833.285 vis	5703	−0.008
6838.298 vis	5714	−0.004
6842.420 vis	5723	+0.020
6847.403 vis	5734	−0.006
6848.320 vis	+ 5736	+0.001

Die Verbesserungen der in Veröffentl. Stw. Sonneberg 3.60 gegebenen $B-R$-Werte sind unter 0.010.

S 5079 Tel Algol-ähnlich; $10^m.7-11^m.2$

Der Veränderliche wurde als Algolstern angezeigt mit dem Vermerk: Minima selten. Die 58 visuellen Beobachtungen an 22 Tagen 1959 Sep. 3 bis Okt. 7 ergeben kein Minimum, allenfalls zwei Schwächungen auf $10^m.9$ zu den Zeiten 243 6816.394 bis 6816.520 und 6839.281. Die Durchsicht aller photographischen Beobachtungen ergab folgende Daten schwachen Lichtes:

242 8334.520	243 4493.643:
8671.594	4513.514
8724.456:	4521.659*
243 4236.360	4541.469
4236.409:	4542.423*
4266.298	4543.386:
4331.287 ?	4544.388
4480.621:	4544.560
4485.622:	4573.308*

Insbesondere die Folge von 5 Beobachtungen geschwächten Lichtes an 4 Tagen 243 4541 bis 4544 dürfte zeigen, daß der Lichtwechsel unperiodisch verläuft, wahrscheinlich nach Art von BO Cep.

S 5375 Ind β Lyrae-Stern; $11^m.7-12^m.2$

$$m_1 = 243\,6786.293 + 0.57686 \, . \, E$$

$$A_1 = 0^m.5 \quad A_2 = 0^m.2$$

Min.		E	$B-R$
243 6786.282	vis	0	−0.011
6787.460*	vis	2	+0.013
6790.340	vis	7	+0.009
6791.477*	vis	9	−0.008
6792.633	vis	11	−0.005
6809.372	vis	40	+0.005
6812.275	vis	45	+0.023
6813.405*	vis	47	0.000
6814.563	vis	49	+0.004
6816.300	vis	52	+0.010
6817.425	vis	54	−0.018
6818.598	vis	56	+0.001
6821.463	vis	61	−0.018
6835.329*	vis	85	+0.003
6839.343	vis	92	−0.021

Wegen der kleinen Amplitude bei sehr raschem Lichtwechsel war die Überbrückung der langen Zwischenzeiten zu den photographischen Beobachtungen nicht möglich.

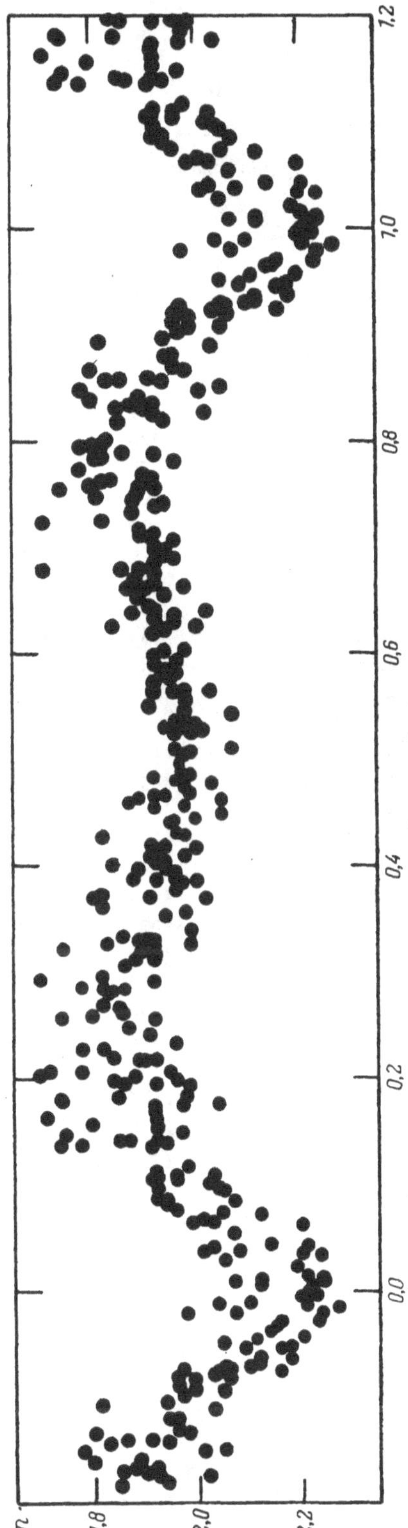

S 5375 Ind
Abb. 11

331.1933 Gru RR Lyrae-Stern; $11^m_.8 - 13^m_.2$
(Entdeckt von Luyten, AN 149.395, 1933)

$$M = 242\,8336.628 + 0.4896194 \cdot E$$
$$M - m = 0.070 \quad \text{Typus RRa}$$

Max.	E	$B-R$
242 8336.643* pg	0	+0.015
8340.628 pg	8	+0.083
8363.558* pg	55	+0.001
8364.567 pg	57	+0.031
8392.506: pg	114	+0.061
8667.615 pg	676	+0.004
8668.609* pg	678	+0.019
8669.585* pg	680	+0.016
8672.577 pg	686	+0.070
8693.662 pg	729	+0.101
8697.529 pg	737	+0.052
8718.499* pg	780	−0.032
8719.552 pg	782	+0.042
8744.425* pg	833	−0.056
8745.454 pg	835	−0.006
8843.302 pg	1035	−0.082
8891.296* pg	1133	−0.071
243 4237.438 pg	12052	−0.083
4310.466 pg	12201	−0.008
4334.357 pg	12250	−0.109
4517.582* pg	12624	−0.001
4520.625 pg	12630	+0.104
4543.514* pg	12677	−0.019
4544.515* pg	12679	+0.003
4568.470* pg	12728	−0.034
6837.440 vis	17362	+0.040
6838.399* vis	17364	+0.020
6839.377 vis	17366	+0.018
6840.350 vis	17368	+0.012
6841.335: vis	17370	+0.018
6842.257: vis	17372	−0.039

S 5379 Gru RR Lyrae-Stern; $13^m_.3-14^m_.6$

$M = 242\,8016.550 + 0.4760338 \cdot E$

$M-m = 0.059$ Typus RRa

Max.		E	B–R
242 8016.507	pg	0	−0.043
8363.558	pg	729	−0.020
8364.567	pg	731	+0.037
8691.575	pg	1418	+0.010
8722.541	pg	1483	+0.034
8804.353	pg	1655	−0.032
8806.309	pg	1659	+0.020
8837.268	pg	1724	+0.037
243 4275.485	pg	13148	+0.044
4276.424	pg	13150	+0.031
4336.377	pg	13276	+0.003
4519.646	pg	13661	−0.001
4520.625	pg	13663	+0.026
4571.522	pg	13770	−0.012
4572.500	pg	13772	+0.014
6764.632	vis	18377	+0.010
6765.575	vis	18379	+0.001
6778.418*	vis	18406	−0.009
6779.371*	vis	18408	−0.008
6780.328	vis	18410	−0.003
6781.268	vis	18412	−0.015
6786.515	vis	18423	−0.005
6787.474*	vis	18425	+0.002
6788.421*	vis	18427	−0.003
6789.377*	vis	18429	+0.001
6790.357*	vis	18431	+0.029
6794.655	vis	18440	+0.043
6802.226	vis	18456	−0.003
6803.172	vis	18458	−0.009
6838.412*	vis	18532	+0.005
6839.357*	vis	18534	−0.002
6840.313*	vis	18536	+0.001
6845.547	vis	18547	−0.001
6846.491	vis	18549	−0.009
6848.392*	vis	18553	−0.012
6849.335	vis	18555	−0.022

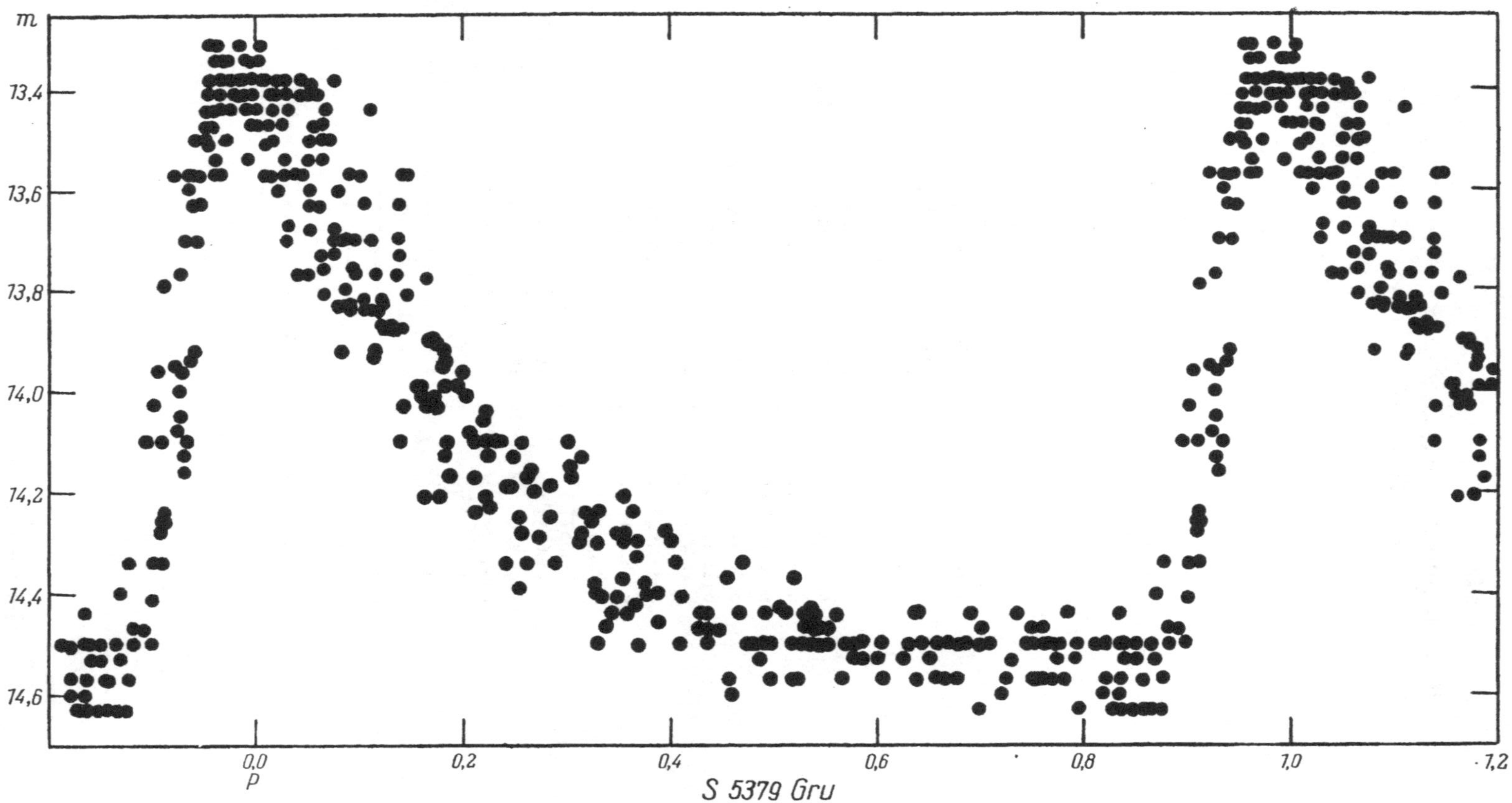

Abb. 12

S 5139 Gru RR Lyrae-Stern; $12^m\!.6-13^m\!.8$

$M = 242\,7992.554 + 0.7024718 \cdot E$

$M - m = 0.10$ Typus RRa

Max.	E	B–R
242 7992.524: pg	0	–0.030
8047.380: pg	78	+0.033
8073.339* pg	115	+0.001
8394.462: pg	572	+0.094
8672.577 pg	968	+0.030
8693.664: pg	998	+0.043
8733.609 pg	1055	–0.053
8750.503 pg	1079	–0.018
8781.398 pg	1123	–0.032
8786.437 pg	1130	+0.090
8788.471 pg	1133	+0.016
8831.327 pg	1194	+0.022
8862.279 pg	1238	+0.065
243 4297.287 pg	8975	+0.049
4520.625 pg	9293	+0.001
4544.515 pg	9327	+0.007
4568.470 pg	9361	+0.077
6792.425 pg	12527	+0.007
6794.525* pg	12530	–0.001
6813.492* pg	12557	0.000
6814.213* pg	12558	+0.018
6837.320 vis	12591	–0.056
6839.509 vis	12594	+0.025
6846.493 vis	12604	–0.016
6847.250 vis	12605	+0.039
6849.355 vis	12608	+0.037

Die letzten 4 photographischen Maxima sind aus Reihenplatten der 8-inch-Kamera erhalten.

S 5156 Oct RR Lyrae-Stern; $12^m\!.2-13^m\!.5$

$M = 243\,6840.420 + 0.39362 \cdot E$

$M - m = 0.055$ Typus RRa

Max.	E	B–R
243 6840.418* vis	0	–0.002
6845.550* vis	13	+0.013
6846.335 vis	15	+0.011
6847.505* vis	18	0.000
6848.295: vis	20	+0.003
6849.472* vis	23	–0.001

Die kurze Periode und die Unschärfe der photographischen Maxima ließen die Überbrückung der langen Zwischenzeiten nicht zu, doch wurden zur Bestimmung der Periode die photographisch beobachteten Epochendifferenzen mit benutzt.

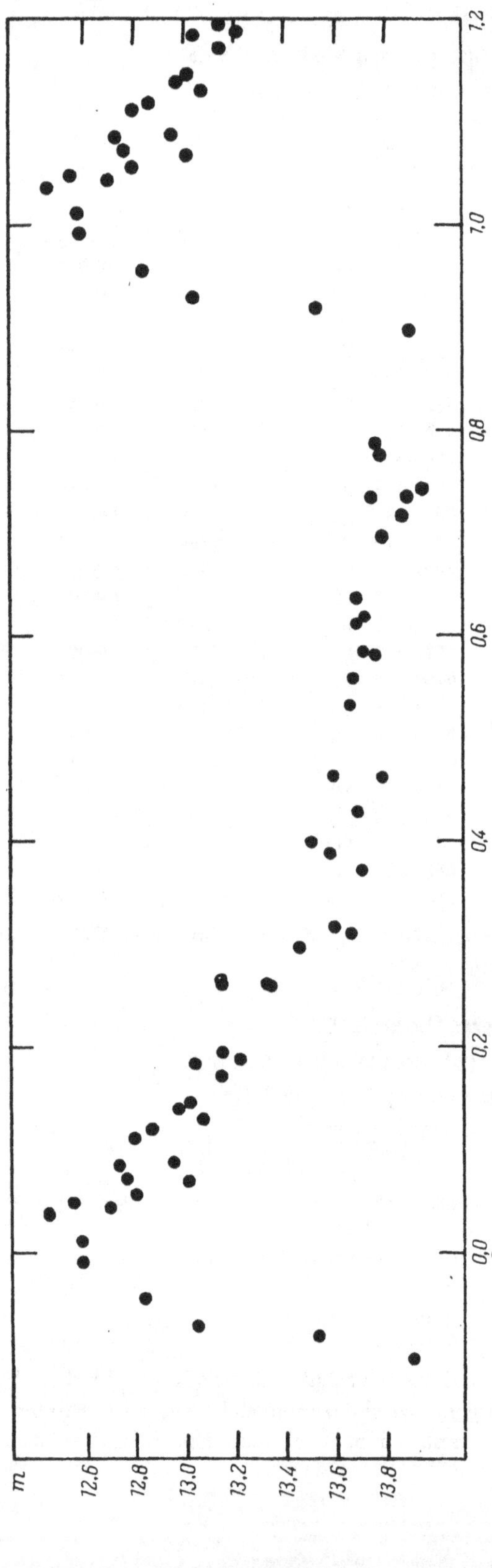

S 5139 Gru

Abb. 13

S 5157 Gru RR Lyrae-Stern; $12^m\!.4-13^m\!.5$

$$M = 242\,7992.643 + 0.5079836 \cdot E$$

Max.	E	$B-R$
242 7992.629: pg	0	−0.014
8047.539: pg	108	+0.034
8048.550 pg	110	+0.029
8076.442 pg	165	−0.018
8103.381 pg	218	−0.002
8484.319 pg	968	−0.052
8692.618* pg	1378	−0.026
8693.663* pg	1380	+0.003
8718.543* pg	1429	−0.009
8720.581 pg	1433	−0.002
8722.626: pg	1437	+0.011
8723.668: pg	1439	+0.037
8776.515 pg	1543	+0.053
8781.559: pg	1553	+0.017
8806.394: pg	1602	−0.039
243 4250.460 pg	12319	−0.033
4304.387 pg	12425	+0.048
4307.336 pg	12431	−0.051
4334.333 pg	12484	+0.023
4336.377: pg	12488	+0.035
4337.337* pg	12490	−0.021
4365.320 pg	12545	+0.023
4507.608 pg	12825	+0.075
4538.637 pg	12886	+0.117
4539.644* pg	12888	+0.108
4569.655* pg	12947	+0.148
6813.237* pg	17364	−0.033
6814.253* pg	17366	−0.033
6845.290* vis	17427	+0.017
6847.295* vis	17431	−0.010
6848.320 vis	17433	−0.001

Die ungenügende Darstellung der 4 Maxima E 12825 bis 12947 konnte nicht aufgeklärt werden. Der Versuch, durch Änderung der Epochenzählung eine bessere Darstellung zu erreichen, führte stets zu unzulässigen Abweichungen bei anderen Teilreihen. Die Abweichung von den Elementen scheint nach den Beobachtungen gesichert, da der Stern zur Epoche 4570.564 im schwachen Licht war.

Die Teilreihe von E 12319 bis zum Ende läßt sich darstellen durch die Formel

$$M = 243\,4337.337 + 0.5082945 \cdot E\,,$$

doch scheint am Anfang der Teilreihe noch ein etwas kürzerer Wert wirksam zu sein. Nimmt man an, daß der oben gegebene Wert für die erste Hälfte der ganzen Reihe, der zweite Wert für die letzten 10 Maxima gilt, so kann man auf eine Periodenänderung von etwa +0.000021 je 1000 Cyklen schließen.

FSC
www.fsc.org
MIX
Papier | Fördert gute Waldnutzung
FSC® C083411

Zeitfracht Medien GmbH
Ferdinand-Jühlke-Straße 7
99095 Erfurt, Deutschland
produktsicherheit@kolibri360.de